INTRODUCTION

A L'ETUDE

DU RÈGNE MINÉRAL.

Terra, cui uni rerum naturæ partium, eximia propter merita, cognomen indidimus maternæ venerationis..... imus in viscera ejus, persequimur omnes fibras, vivi- musque super excavatam ...... inter crimina ingrati animi & hoc duxerim; quòd naturam ejus ignoramus.

Plin. Nat. Hist. Lib. II.

INTRODUCTION

A L'ÉTUDE

DES CORPS NATURELS,

TIRÉS

DU RÈGNE MINÉRAL.

Par M. BUCQUET, Docteur-Régent de la Faculté de Médecine de Paris.

TOME I.

A PARIS, rue Saint-Jacques,

Chez Jean-Th. HERISSANT, Père, Imprimeur du Cabinet du ROI, Maison & Bâtimens de SA MAJESTÉ.

M. DCC. LXXI.

Avec Approbation & Privilège du Roi.

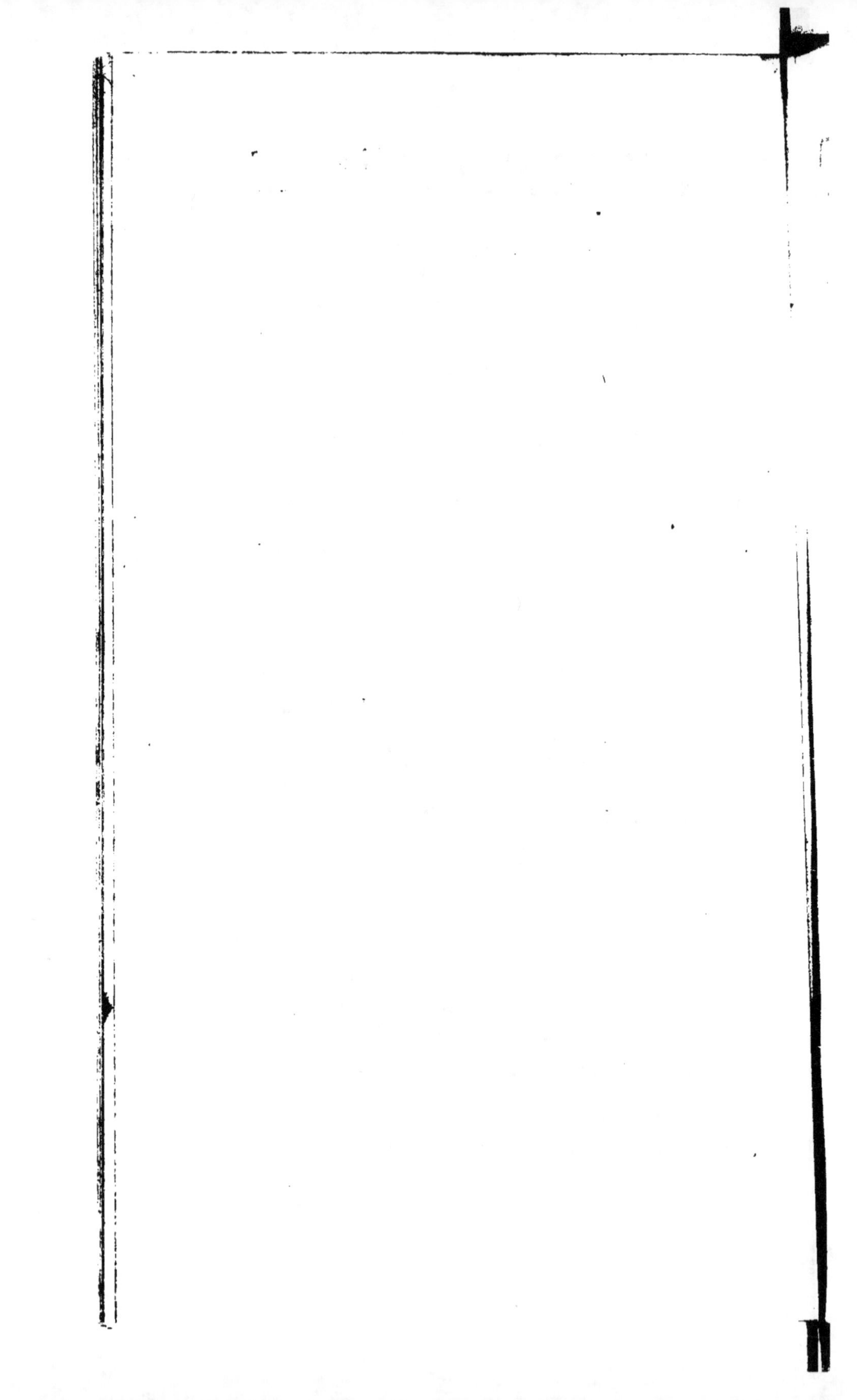

INTRODUCTION

A L'ÉTUDE

DES CORPS NATURELS,

TIRÉS

DU RÈGNE MINÉRAL.

Par M. BUCQUET, Docteur-Régent de la Faculté de Médecine de Paris.

TOME I.

A PARIS, rue Saint-Jacques,

Chez Jean-Th. HERISSANT, Père, Imprimeur du Cabinet du ROI, Maison & Bâtimens de SA MAJESTÉ.

M. DCC. LXXI.

Avec Approbation & Privilège du Roi.

# A

MONSIEUR LE DUC

DE LA

ROCHEFOUCAULD,

PAIR DE FRANCE.

MONSIEUR,

L'ambition de voir briller un Nom illuſtre à la tête de mon Ouvrage, n'eſt pas ce qui me détermine à vous l'offrir : il vous appartient encore à d'autres titres. C'eſt à cette généroſité noble, avec laquelle vous communiquez les riches poſſeſſions que vous raſſemblez

a iij

avec tant de *soins* ; c'eſt au choix
que vous avez fait de moi , pour
être le Compagnon de votre Etude,
que je ſuis redevable de la plus
grande partie de mes connoiſſances ;
vous en faire hommage , MON-
SIEUR, c'eſt à la fois ſatisfaire
à votre amour pour la Science, au
deſir que vous avez d'en étendre
les progrès , & remplir le devoir
le plus doux que m'impoſe la re-
connoiſſance. Puiſſe notre goût commun pour l'Etude de la Nature,
cimenter l'amitié dont vous voulez
bien m'honorer, & me procurer des
occaſions fréquentes de vous aſſurer
du reſpect avec lequel je ſuis ,

MONSIEUR,

Votre très-humble & très-obéiſſant
Serviteur, BUCQUET. D. M. P.

PRÉFACE.

Les Savans avoient fenti
depuis long-temps, de quelle
importance il étoit pour le progrès de l'Hiftoire Naturelle,
de joindre à l'étude de cette
Science, les connoiffances que
fournit la Chymie. Plufieurs bons
Minéralogiftes s'en font fouvent
fervi pour affigner des caractères aux fubftances qu'ils vou-
loient faire connoître; mais en
général, ils n'ont eu de la Chymie que des notions très-fuper-
ficielles; & cette Science devient une fource d'erreurs, lorfqu'on ne la connoît pas dans fes
détails. Auffi malgré les recherches de ces grands Hommes,

a iv

ils leur est souvent arrivé de réunir des êtres très - dissemblables, & d'assigner des noms différens à des substances qui étoient absolument de même nature.

Les Chymistes de leur côté ont éclairci singulièrement plusieurs points intéressans de l'Histoire Naturelle ; mais ils semblent s'être bornés à un certain nombre, & paroissent avoir épuisé entièrement quelques matières, tandis qu'ils en ont laissé une foule d'autres, sur lesquelles ils n'ont pas même paru jetter les yeux.

Plein du desir d'acquérir sur ces objets si peu connus, des lumières plus étendues, j'ai cru

devoir lier fi intimement la Chymie & l'Hiftoire Naturelle, que
ces deux branches de la Phyfique ne fiffent plus qu'une feule
& même Science qui renfermât
tout ce qu'on peut favoir de plus
intéreffant fur les Corps naturels.
J'ai fait d'après ce plan, depuis
quelques années, des Démonf-
trations qui ont eu le bonheur
de plaire à plufieurs perfonnes
inftruites qui m'ont fait l'honneur d'y affifter ; mais elles n'ont
pas été auffi utiles au plus grand
nombre que je l'aurois defiré.
Forcé, comme on eft, par le
peu de temps qu'on emploie à
l'étude de l'Hiftoire Naturelle,
de réunir dans une feule féance,

une quantité prodigieuse de faits,
nouveaux pour la plupart de
ceux qui les entendent ; la mémoire a peine à les retenir, &
souvent l'exposé du lendemain
fait perdre celui de la veille :
il arrive donc, qu'après bien
des soins de la part de celui qui
enseigne, & beaucoup d'appli-
cation de la part de ceux qui
étudient, il ne leur reste rien
que quelques idées vagues, &
souvent même du dégoût pour
une Science qu'ils regardent
comme trop au-dessus de leurs
forces. J'ai cru qu'un des moyens
de remédier à cet inconvénient,
étoit de leur mettre sous les
yeux, un tableau raccourci des

-objets qu'ils parcourent avec tant de rapidité, afin que les examinant avant & après chaque leçon, ils puffent fe les graver plus profondém ent dans la mémoire.

Je commence par donner le *Règne Minéral*, parceque les minéraux forment la maffe du globe, & qu'ils fervent à la production des plantes dont fe nourriffent les animaux; d'ailleurs l'analyfe chymique de ces fubftances, me paroît plus aifée que celle des Corps que renferment les autres Règnes de la Nature ; leurs principes font plus à nu que ceux des plantes ou des animaux ; & quoique les opérations qu'on fait fur les matières minérales , foient très-multipliées , les connoiffances qu'elles nous laiffent font infiniment plus exactes & plus fatisfaifantes , puifque , non contente de connoître leurs principes par l'analyfe , la Chymie eft en état de les reproduire par la Synthèfe , ce qu'elle ne peut pas faire à l'égard des matières végétales & animales. En préfentant cet Effai , je n'ai pas prétendu donner un nouveau Syftême de Minéralogie , j'ai tâché feulement de raffembler fous des caractères faciles à faifir , le plus grand nombre de fubftances minérales : j'en ai développé la nature , & j'ai indiqué les diffé-

rentes combinaiſons dans leſquelles elles entrent , ainſi que
les uſages principaux auxquels
on peut les employer. J'ai pu
omettre beaucoup de Corps qui
ne ſont pas encore venus à ma
connoiſſance, & mal claſſer ceux
que je ne connois que ſuperfi-
ciellement. C'eſt un défaut auquel le temps ſeul & un travail
opiniâtre peuvent remédier. J'ai
ſupprimé à deſſein un grand
nombre de détails dans leſquels
ſont entrés les Minéralogiſtes,
parcequ'ils m'ont paru minu-
tieux, & peu faits pour des Com-
mençans. J'ai évité autant qu'il
a été en moi, toute érudition
chymique & toute citation ; ce

n'eſt pas que j'aie eu envie de me parer des découvertes d'au-trui : il eſt deux ſortes de découvertes chymiques, les unes ſont l'effet du hazard & peuvent s'offrir au plus ignorant comme au plus habile Artiſte : je pourrois peut-être en réclamer de cette ſorte; mais je ne crois pas qu'elles en vaillent la peine, & je les abandonne volontiers à quiconque prétendra les avoir faites avant moi : les autres ſont le fruit d'un travail ſuivi avec intention & ſagacité, comme celles de M. Macquer ſur l'arſenic, les argilles, le bleu de Pruſſe, &c. de feu M. Rouelle ſur l'inflammation des huiles,

les cryſtalliſations, de M. d'Arcet ſur l'action d'un feu égal & violent ; & de tant d'autres célèbres Chymiſtes. Ce ſont celles-là que je deſirerois avoir faites, mais j'avoue de bonne foi n'en avoir point encore à moi de cet ordre.

Tout ce que je me ſuis propoſé dans mon travail, c'eſt de faciliter l'étude d'une Science que j'aime, non-ſeulement aux perſonnes qui auroient quelque intention de ſuivre mes Cours ; mais encore à celles qui veulent en ſuivre d'autres ; parcequ'il ſuffit d'examiner les échantillons que j'indique, qui pour la plupart ſont rangés dans la magnifique

Collection du Cabinet du Roi, & de voir dans quelque Laboratoire les Expériences analytiques qu'un grand nombre de très-bons Maîtres exécutent, peut-être même avec plus d'adresse que je ne puis le faire, quelques soins que j'emploie pour cela. Si cette première Partie paroît utile, je me hâterai de la faire suivre des Règnes végétal & animal; afin qu'on puisse trouver réunis les principes fondamentaux de l'Histoire Naturelle, & puiser ensuite avec plus d'avantage dans ces sources intarissables de Science, fruit des veilles des plus grands Naturalistes, & des Chymistes les plus habiles.

DIVISION

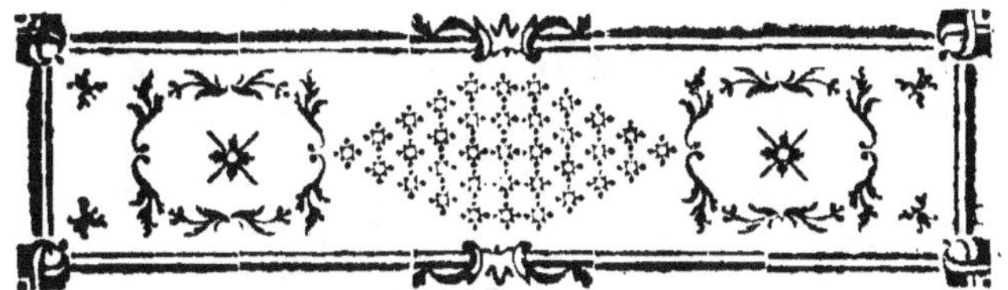

DIVISION

DES

MINÉRAUX.

Le Règne Minéral se divise en sept Classes;
Les Classes en Sections, les Sections en
Genres, & les Genres en Espèces.

CLASSE I.

Terres.   *Terræ.*

SECTION I.

Terres vitreuses.   *Terræ vitreæ.*

GENRE I.

Sables pierreux.   *Arenæ.*

ESPECES.

1. Sablon blanc.   *Arena quartzosa,*
2. Sablon jaune.   *Glarea sterilis.*
3. Gravier.   *Arena inæqualis.*

GENRE II.

Sables métalliques.   *Arenæ metallicæ.*

b

ESPECES.

1. Sable d'étain. *Arena ſtannea.*
2. Sable ferrugineux. *Arena ferrea.*
3. Sable cuivreux. *Arena cupriſera.*
4. Sable aurifère. *Arena aurea.*

SECTION II.

Terres calcaires. *Terræ calcareæ.*

GENRE I.

Craie.   *Creta.*

ESPECES.

1. Craie blanche. *Creta cohærens ſolida.*
2. Craie d'un blanc *Creta fragilior.*
 ſale.
3. Craie jaune. *Creta flaveſcens.*
4. Craie rouge. *Creta rubra.*
5. Craie verte. *Creta viridis.*
6. Craie noire. *Creta nigra.*

GENRE II.

Falun.   *Arena conchacea.*

ESPECES.

1. Terre coquillière. *Humus animalis , non terrifica.*

GENRE III.

Marne.   *Marga.*

ESPECES.

1. Marne blanche. *Gliſcho-Marga.*
2. Marne griſe. *Leucargilla cinerea.*
3. Marne jaune. *Marga giallolina.*
4. Marne rouge. *Capnumargos.*
5. Marne brune. *Marga fuſca.*
6. Marne noire. *Marga nigreſcens.*

7. Marne bleuâtre.   *Marga cœrulefcens.*
8. Marne verte.   *Marga viridefcens.*

SECTION III.

Terres argilleufes.   *Terræ argillaceæ.*

GENRE I.

Terres argilleufes duc-   *Terræ glutinofæ.*
tiles.

ESPECES.

1. Argille blanche.   *Argilla alba.*
2. Argille grife.   *Bolus cinerea.*
3. Argille jaune.   *Bolus flava.*
4. Argille d'un rouge *Bolus colore carneo.*
   pâle.
5. Argille rouge.   *Bolus rubra.*
6. Argille bleuë.   *Argilla cœrulefcens.*
7. Argille verte.   *Argilla viridefcens.*
8. Argille noire.   *Bolus nigra.*
9. Argille marbrée.   *Argilla variegata.*

GENRE II.

Argilles non ductiles.   *Terræ argillaceæ ficcæ.*

ESPECES.

1. Argille à foulon.   *Argilla fiffilis.*
2. Tripoli rouge.   *Tripela rubra.*
3. Tripoli gris.   *Tripela alba.*
4. Tripoli noir.   *Tripela nigra.*
5. Pierre pourrie.   *Argilla farinacea.*

SECTION IV.

Terres compofées.   *Terræ compofitæ.*

GENRE I.

Terres compofées mi-   *Ochræ.*
nérales.

ESPECES.

1. Ochre jaune.	*Ochra lutea.*
2. Ochre rouge.	*Humus rubra.*
3. Terre d'Angleterre.	*Humus rubra obscura.*
4. Sanguine.	*Creta rubens fusca.*
5. Ochre verte.	*Ochra viridis.*
6. Terre d'ombre.	*Humus brunea.*
7. Terre noire.	*Humus nigra.*

GENRE II.

Terres composées vé-gétales.	*Terræ compositæ vegetabiles.*

ESPECES.

1. Terreau.	*Humus communis atra.*
2. Tourbe.	*Humus fibrosa.*

GENRE III.

Terres composées ani-males.	*Terræ compositæ animales.*

CLASSE II.

PIERRES.	**L**APIDES.

SECTION I.

Pierres vitreuses.	*Lapides vitrei.*

GENRE I.

Grais.	*Cos.*

ESPECES.

1. Grais blanc.	*Cos cinerea.*
2. Grais rouge.	*Cos rubra.*
3. Grais brun.	*Cos fusca.*
4. Grais veiné.	*Cos variegata.*

5. Grais à filtrer. *Cos aquam transmittens.*
6. Grais des Rémou- *Cos coticularis.*
   leurs.
7. Grais de Turquie. *Cos indurabilis.*
8. Grais carrié. *Quartzum molare.*

GENRE II.

Caillou. *Silex.*

ESPECES.

1. Caillou gris. *Silex mollior.*
2. Caillou noir. *Silex igniarius.*
3. Caillou d'Egypte. *Silex fuscus.*
4. Jaspe rouge. *Jaspis rubra.*
5. Jaspe gris. *Jaspis grisea.*
6. Jaspe jaune. *Jaspis flava.*
7. Jaspe verd. *Jaspis viridis.*
8. Jaspe sanguin. *Jaspis variegata viri-*
   dis.
9. Pierre de corne. *Silex corneus.*
10. Agate orientale. *Achates aquea.*
11. Cornaline. *Achates rubescens.*
12. Sardoine. *Sardonyx.*
13. Calcédoine. *Achates nebulosa.*
14. Agate. *Achates variegata.*
15. Agate onyce. *Onyx.*
16. Agate figurée. *Achates figurata.*
17. Chatoyante. *Lapis mutabilis.*
18. Aventurine. *Silex punctis distinctus.*
19. Opale. *Achates mutans.*

GENRE III.

Pierres quartzeufes. *Lapides quartzofi.*

ESPECES.

1. Quartz laiteux. *Quartzum opacum.*
2. Quartz transparent. *Quartzum pellucidum.*
3. Cryſtal de roche. *Cryſtallus non colorata.*

4.	Quartz jaune.	*Quartzum flavum.*
5.	Quartz jaune ver- dâtre.	*Quartzum virescens.*
6.	Quartz verd.	*Quartzum viride.*
7.	Quartz d'un verd bleuâtre.	*Quartzum cyaneum.*
8.	Quartz bleu.	*Quartzum cœruleum.*
9.	Quartz rouge.	*Quartzum rubrum.*
10.	Quartz violet.	*Quartzum violaceum.*
11.	Quartz d'un rouge jaunâtre.	*Quartzum hyacinthi- num.*
12.	Quartz d'un rouge obscur.	*Quartzum fuscum.*
13.	Quartz noir.	*Quartzum nigrum.*

GENRE IV.

Pierres précieuses.   *Gemmæ.*

ESPECES.

1.	Diamant.	*Adamas.*
2.	Saphir.	*Saphirus.*
3.	Aigue marine.	*Beryllus.*
4.	Emerande.	*Smaragdus.*
5.	Chrysolite.	*Chrysolitus.*
6.	Topase.	*Topasius.*
7.	Hyacinthe.	*Hyacinthus.*
8.	Rubis.	*Rubinus.*
9.	Grenat.	*Granatus.*
10.	Améthyste.	*Amethystus.*
11.	Tourmaline.	*Lapis electricus.*

SECTION II.

Pierres calcaires.   *Lapides calcarei.*

GENRE I.

Pierres à chaux.   *Lapis calcareus.*

E S P E C E S.

1. Pierre à chaux blanche. *Lapis calcareus albus.*
2. Pierre à chaux grise. *Lapis calcareus griseus.*
3. Pierre à chaux jaune. *Lapis calcareus fuscus.*
4. Pierre à chaux rouge. *Lapis calcareus rubens.*
5. Pierre à chaux verte. *Lapis calcareus viridis.*
6. Pierre à chaux noire. *Lapis calcareus niger.*
7. Pierre à chaux veinée. *Lapis calcareus veno-sus.*

G E N R E II.

Marbre. *Marmor.*

E S P E C E S.

1. Marbre blanc. *Marmor album.*
2. Marbre blanc va-rié. *Marmor variegatum al-bum.*
3. Marbre gris. *Marmor venetum.*
4. Marbre gris varié. *Marmor variegatum ve-netum.*
5. Marbre jaune. *Marmor flavum.*
6. Marbre jaune va-rié. *Marmor variegatum fla-vum.*
7. Marbre brun. *Marmor lividum.*
8. Marbre brun varié. *Marmor variegatum li-vidum.*
9. Marbre rouge. *Marmor rubrum.*
10. Marbre rouge va-rié. *Marmor variegatum ru-brum.*
11. Marbre violet. *Marmor violaceum.*

GENRE

GENRE III.

| Spath. | *Spatum.* |

ESPÈCES.

1. Spath transparent. — *Spatum pellucidum.*
2. Spath laiteux. — *Spatum album.*
3. Spath jaune. — *Spatum flavescens.*
4. Spath rougeâtre. — *Spatum rubrum.*
5. Spath verd. — *Spatum viride.*
6. Spath noirâtre. — *Spatum nigricans.*

GENRE IV.

Pierres calcaires for- — *Pori aquei.*
mées par l'eau.

ESPECES.

1. Stalactite transpa- — *Stalactites pellucidus.*
rente.
2. Stalactite blanche. — *Stalactites albus.*
3. Stalactite grise. — *Stalactites griseus.*
4. Stalactite jaune. — *Stalactites flavus.*
5. Stalactite rouge. — *Stalactites ruber.*
6. Incrustation. — *Porus crustaceus.*
7. Tuf. — *Tophus.*

SECTION III.

Pierres argilleuses. — *Petræ argillaceæ.*

GENRE I.

Pierre ollaire. — *Lapis ollaris.*

ESPECES.

1. Pierre de lard. — *Lardites.*
2. Jade. — *Lapis nephreticus.*
3. Serpentine. — *Ollaris griseus.*

GENRE II.

Stéatite. — *Ollaris mollior.*

Tome I.   c

E S P E C E S.

1. Craie de Briançon   *Creta Briançonia alba.*
   blanche.
2. Craie de Briançon   *Creta Briançonia viri-*
   verte.   *dis.*
3. Stéatite marbrée.   *Steatites variegata.*
4. Stéatite noire.   *Steatites nigra.*
5. Molybdène.   *Molybdænum.*

GENRE III.

Schiftes.   *Schifti.*

E S P E C E S.

1. Ampélite.   *Ampelites.*
2. Schifte gris.   *Fiffilis cinereus.*
3. Schifte rouge.   *Schiftus ruber.*
4. Schifte verd.   *Schiftus viridis.*
5. Ardoife.   *Fiffilis cærulefcens.*
6. Schifte noir.   *Schiftus ater.*
7. Pierre naxienne.   *Fiffilis lamellis craf-*
                        fioribus.

GENRE IV.

Talc.   *Talcum.*

E S P E C E S.

1. Talc blanc.   *Talcum albicans.*
2. Talc jaune.   *Talcum luteum.*
3. Talc verd.   *Talcum viride.*
4. Talc rouge.   *Talcum rubrum.*
5. Talc noir.   *Talcum nigrum.*

GENRE V.

Amiante.   *Amiantus.*

E S P E C E S.

1. Lin foffile.   *Amiantus mollis.*
2. Amiante non mûre.   *Amiantus rigidus.*
3. Afbefte mûre.   *Asbeftus mollis.*

4. Asbeste non mûre. *Asbestus durus.*
5. Cuir de montagne. *Corium montanum.*
6. Liège fossile. *Suber montanum.*

GENRE VI.

Zéolite. *Zeolitus.*

ESPECES.

1. Zéolite blanche. *Zeolitus albus.*
2. Zéolite verte. *Zeolitus viridis.*

SECTION IV.

Pierres de roche. *Saxa.*

GENRE I.

Pierre de roche. *Petro-silex.*

ESPECES.

1. Pierre de roche blanche. *Petro-silex semipellucidus.*
2. Pierre de roche jaune. *Petro-silex flavus.*
3. Pierre de roche rouge. *Petro-silex rubescens.*
4. Pierre de roche brune. *Petro-silex fuscus.*
5. Pierre de roche verte. *Petro-silex viridis.*
6. Pierre de roche noire. *Petro-silex niger.*
7. Pierre de roche veinée. *Petro-silex venosus.*

GENRE II.

Feldt-spath. *Spatum scintillans.*

Especes.

1. Feldt-spath blanc.   *Spatum pyrimachum album.*
2. Feldt-spath gris.   *Spatum pyrimachum cinereum.*
3. Feldt - spath rougeâtre.   *Spatum pyrimachum rubrum.*

Genre III.

Trapp.   *Corneus folidus.*

Especes.

1. Trapp gris.   *Trapp cinereus.*
2. Trapp verd.   *Trapp viridis.*
3. Trapp noir.   *Trapp niger.*

Genre IV.

Pierre d'azur.   *Lapis lazuli.*

Especes.

1. Pierre d'azur.   *Lapis lazuli.*
2. Pierre d'Arménie.   *Lapis lazuli punctulis albis.*

Genre V.

Schorl.   *Corneus cryftallifatus.*

Especes.

1. Schorl rougeâtre.   *Corneus cryftallifatus ruber.*
2. Schorl verd.   *Corneus cryftallifatus viridis.*

Genre VI.

Porphyre.   *Porphyr.*

Especes.

2. Porphyre rouge.   *Porphyr rubens.*
1. Ecaille de mer.   *Porphyr abfquemaculis.*

4. Afbefte non mûre.   *Asbeftus durus.*
5. Cuir de montagne.   *Corium montanum.*
6. Liège foffile.   *Suber montanum.*

GENRE VI.

Zéolite.   *Zeolitus.*

ESPECES.

1. Zéolite blanche.   *Zeolitus albus.*
2. Zéolite verte.   *Zeolitus viridis.*

SECTION IV.

Pierres de roche.   *Saxa.*

GENRE I.

Pierre de roche.   *Petro-filex.*

ESPECES.

1. Pierre de roche blanche.   *Petro-filex femipellucidus.*
2. Pierre de roche jaune.   *Petro-filex flavus.*
3. Pierre de roche rouge.   *Petro-filex rubefcens.*
4. Pierre de roche brune.   *Petro-filex fufcus.*
5. Pierre de roche verte.   *Petro-filex viridis.*
6. Pierre de roche noire.   *Petro-filex niger.*
7. Pierre de roche veinée.   *Petro-filex venofus.*

GENRE II.

Feldt-fpath.   *Spatum fcintillans.*

E S P E C E S.

1. Feldt-spath blanc.   *Spatum pyrimachum al-*
                           bum.
2. Feldt-spath gris.   *Spatum pyrimachum ci-*
                           nereum.
3. Feldt - spath rou-   *Spatum pyrimachum ru-*
   geâtre.   *brum.*

G E N R E   III.

Trapp.   *Corneus solidus.*

E S P E C E S.

1. Trapp gris.   *Trapp cinereus.*
2. Trapp verd.   *Trapp viridis.*
3. Trapp noir.   *Trapp niger.*

G E N R E   IV.

Pierre d'azur.   *Lapis lazuli.*

E S P E C E S.

1. Pierre d'azur.   *Lapis lazuli.*
2. Pierre d'Arménie.   *Lapis lazuli punctulis*
                           albis.

G E N R E   V.

Schorl.   *Corneus crystallisatus.*

E S P E C E S.

1. Schorl rougeâtre.   *Corneus crystallisatus ru-*
                           ber.
2. Schorl verd.   *Corneus   crystallisatus*
                           viridis.

G E N R E   VI.

Porphyre.   *Porphyr.*

E S P E C E S.

2. Porphyre rouge.   *Porphyr rubens.*
1. Ecaille de mer.   *Porphyr absque maculis.*

3. Porphyre verd.   *Porphyr viride.*
4. Porphyre verd ta- *Ollaris virefcens.*
    cheté de blanc.
5. Porphyre noir.   *Porphyr nigrum.*

G ENRE *VII.*

Granit.   *Saxum fimplex.*

E S P E C E S.

1. Granit gris.   *Saxum grifeum.*
2. Granit rouge.   *Saxum rufcfcens.*
3. Granit noir.   *Saxum nigrum.*

G ENRE *VIII.*

Pudding.   *Saxum arenaceo fili-*
                         ceum.

C L A S S E III.

S OUFRE.   S ULPHUR.

G ENRE *I.*

Soufre natif.   *Sulphur nativum.*

E S P E C E S.

1. Soufre en fleurs.   *Sulphur pulverulentum.*
2. Soufre tranfparent. *Sulphur pellucidum,*
3. Soufre mêlé à de *Sulphur terræ mixtum.*
    la terre.

C L A S S E IV.

S ELS.   S ALIA.

S ECTION *I.*

Sels fimples,   *Salia fimplicia.*

Genre I.

| Sels acides. | *Salia acida.* |

Especes.

1. Acide vitriolique.	*Acidum vitriolicum.*
2. Acide nitreux.	*Acidum nitrosum.*
3. Acide marin.	*Acidum marinum.*
4. Acide sulfureux.	*Acidum catholicum tenius.*

Genre II.

| Sels alkalis. | *Salia alkalina.* |

Especes.

1. Alkali déliquescent.	*Alkali deliquescens.*
2. Alkali marin.	*Alkali marinum.*
3. Borax.	*Borax.*
4. Alkali volatil.	*Alkali volatile.*

Section II.

| Sels neutres. | *Salia neutra.* |

Genre I.

| Sels neutres parfaits. | *Salia neutra fixa.* |

Especes.

1. Tartre vitriolé.	*Tartarus vitriolatus.*
2. Sel de Glauber.	*Sal glauberianum.*
3. Nitre.	*Nitrum.*
4. Nitre cubique.	*Nitrum cubicum.*
5. Sel fébrifuge.	*Sal febrifugum.*
6. Sel marin.	*Sal marinum.*
7. Sel sulfureux.	*Sal sulfureum.*
8. Sel sulfureux marin.	*Sal sulfureum marinum.*

GENRE II.

Sels ammoniacaux. *Salia ammoniacalia.*

ESPECES.

1. Sel ammoniacal vi- *Sal ammoniacale vi-*
   triolique. *triolicum.*
2. Sel ammoniacal ni- *Sal ammoniacale nitro-*
   treux. *sum.*
3. Sel ammoniac. *Sal ammoniacum.*
4. Sel ammoniacal sul- *Sal ammoniacale sul-*
   fureux. *fureum.*

GENRE III.

Sels neutres terreux. *Salia neutra terrea.*

ESPECES.

1. Vitriol de sable. *Vitriolum arenosum.*
2. Nitre de sable. *Nitrum arenosum.*
3. Sel de sable. *Sal arenosum.*
4. Sélénite. *Selenites.*
5. Nitre de craie. *Nitrum cretaceum.*
6. Sel de craie. *Sal cretaceum.*
7. Alun. *Alumen.*
8. Nitre d'argille. *Nitrum argillaceum.*
9. Sel d'argille. *Sal argillaceum.*

CLASSE V.

DEMI-METAUX. SEMI-METALLA.

SECTION I.

Demi-métaux cassans. *Semi-metalla fragilia.*

GENRE I.

Arsenic. *Arsenicum.*

ESPECES.

1. Arfenic blanc.   *Arfenicum mineralifa-*
tum album.
2. Arfenic gris.   *Arfenicum teftaceum.*
3. Arfenic noir.   *Arfenicum nigrum.*
4. Arfenic en chaux.   *Arfenicum nativum.*
5. Orpiment.   *Auri pigmentum.*
6. Réalgar.   *Rifigalum.*

GENRE II.

Cobalt ou Cobolt.   *Cobaltum.*

ESPECES.

1. Cobalt cendré.   *Cobaltum cinereum.*
2. Cobalt noir.   *Cobaltum nigrum.*
3. Cobalt en fleurs.   *Cobaltum efflorefcens.*

GENRE III.

Bifmuth.   *Wifmuthum.*

ESPECES.

1. Bifmuth natif.   *Wifmuthum nativum.*
2. Bifmuth gris.   *Wifmuthum albo fla-*
vefcens.
3. Bifmuth bleuâtre.   *Wifmuthum nitens.*

GENRE IV.

Antimoine.   *Stibium.*

ESPECES.

1. Régule d'antimoine   *Regulus nativus.*
natif.
2. Mine   d'antimoine   *Stibium cinereum.*
grife.
3. Mine   d'antimoine   *Stibium rubrum.*
rouge.

GENRE V.

Nickel.   *Nickel.*

Section II.

| Demi-métaux qui ont une sorte de ductilité. | *Semi-metalla minùs fragilia.* |

Genre I.

| Zinc. | *Zincum.* |

Especes.

1. Zinc natif.	*Zincum nudum.*
2. Mine de zinc.	*Zincum mineralisatum.*
3. Manganèse.	*Magnesia.*
4. Blende.	*Pseudo-galena.*
5. Pierre calaminaire.	*Lapis calaminaris.*
6. Vitriol de zinc.	*Vitriolum album.*

Genre II.

| Mercure. | *Hydrargyrum.* |

Especes.

1. Mercure natif.	*Hydrargyrum nativum.*
2. Cinnabre.	*Cinnabaris.*
3. Mine de mercure grise.	*Hydrargyrum petrosum.*

CLASSE VI.

Métaux.   Metalla.

Section I.

| Métaux imparfaits. | *Metalla imperfecta.* |

Genre I.

| Plomb. | *Plumbum.* |

E s p e c e s.

1. Plomb natif.	*Plumbum nativum.*
2. Galène.	*Galena.*
3. Mine de plomb blanche.	*Plumbum spatiforme.*
4. Mine de plomb d'un rouge noirâtre.	*Plumbum atro - purpu-rascens.*
5. Mine de plomb rouge.	*Plumbum rubrum.*
6. Mine de plomb verte.	*Plumbum viride.*
7. Mine de plomb ter-reuse.	*Plumbum terreum.*

Genre II.

Etain.	*Stannum.*

E s p e c e s.

1. Crystaux d'étain blancs.	*Crystalli stanni albes-centes.*
2. Crystaux d'étain jaunâtres.	*Crystalli stanni aureæ.*
3. Crystaux d'étain noirs.	*Crystalli stanni nigræ.*

Genre III.

Fer.	*Ferrum.*

E s p e c e s.

1. Fer natif.	*Ferrum nativum.*
2. Mine de fer noire.	*Ferrum nigrum.*
3. Mine de fer grise.	*Ferrum cinereum.*
4. Hématite.	*Hæmatites.*
5. Mine de fer cha-toyante.	*Ferrum crystallisatum.*
6. Mine de fer limon-neuse.	*Ferrum argillaceum.*

7. Wolfram.   *Ferrum arsenicale.*
8. Mine de fer blan- *Ferrum album.*
    che.
9. Aiman.   *Magnes.*
10. Emeril.   *Smirris.*
11. Pyrite sulfureu- *Pyrites flavescens.*
    se.
12. Pyrite arsenicale. *Pyrites albicans.*
13. Vitriol martial. *Vitriolum Martis.*

Genre IV.

Cuivre.   *Cuprum.*

Especes.

1. Cuivre natif.   *Cuprum nativum.*
2. Mine de cuivre *Pyrites flavus.*
    jaune.
3. Mine de cuivre *Cuprum minerâ nitente.*
    azurée.
4. Mine de cuivre *Cuprum minerâ pyriti-*
    hépatique.   *cosa.*
5. Mine de cuivre *Cuprum cinereum.*
    grise.
6. Mine de cuivre *Cuprum rubrum.*
    rouge.
7. Mine de cuivre *Cuprum terreum.*
    terreuse.
8. Verd de monta- *Cuprum viride.*
    gne.
9. Bleu de montagne. *Cuprum cœruleum.*
10. Mine de cuivre *Œrugo nativa.*
    soyeuse.
11. Malachite.   *Œrugo nativa solida.*
12. Vitriol de cuivre. *Vitriolum cœruleum.*

SECTION II.

Métaux parfaits.	*Metalla perfecta.*

GENRE I.

Argent.	*Argentum.*

ESPECES.

1. Argent natif.	*Argentum nativum.*
2. Mine d'argent grise.	*Argentum cinereum.*
3. Mine d'argent vi- treuse.	*Argentum vitreum.*
4. Mine d'argent en plumes.	*Argentum plumosum.*
5. Mine d'argent rou- ge.	*Argentum rubrum.*
6. Mine d'argent noire.	*Argentum fuligineum.*
7. Mine d'argent cor- née.	*Argentum semi-pelluci- dum.*

GENRE II.

Or.	*Aurum.*

ESPECE.

Or natif.	*Aurum nativum.*

GENRE III.

Platine.	*Platinum.*

CLASSE VII.

BITUMES.   **B**ITUMINA.

SECTION I.

Bitumes solides.	*Bitumina solida.*

GENRE I.

Ambre gris.	*Ambra grisea.*

ESPECES.

1. Ambre gris.   *Ambra variegata.*
2. Ambre blanc.   *Ambra alba.*
3. Ambre noir.   *Ambra nigra.*

GENRE II.

Succin.	*Succinum.*

ESPECES.

1. Succin transparent.   *Succinum pellucidum.*
2. Succin blanc.   *Succinum album.*
3. Succin jaune.   *Succinum fuscum.*

GENRE III.

Asphalte.	*Asphaltum.*

GENRE IV.

Jayet.	*Gagates.*

GENRE V.

Charbon de terre.	*Litanthrax.*

SECTION II.

Bitumes fluides.	*Bitumina fluida.*

GENRE I.

Pétrol.	*Petroleum.*

ESPECES.

1. Pétrol blanc.   *Naptha.*
2. Pétrol brun.   *Petroleum.*
3. Pissasphalte.   *Pissalphaltum.*

PREMIER SUPPLÉMENT

à la Minéralogie.

Minéraux altérés par le feu des volcans.

1.	CHarbon fossile.	*CArbo fossilis.*
2.	Soufre sublimé.	*Sulphur sublimatum.*
3.	Sel ammoniac su-blimé.	*Sal ammoniacum subli-matum.*
4.	Rapillo.	*Cineres conglomeratæ grisæ.*
5.	Pozzolane.	*Pozzolana.*
6.	Ponce.	*Pumex.*
7.	Lave poreuse.	*Lava porosa.*
8.	Lave compacte.	*Lava solida.*
9.	Verre de Naples.	*Vitrum Neapolitanum.*

SECOND SUPPLÉMENT

à la Minéralogie.

EAUX MINÉRALES.

ORDRE I.

Eaux terreuses.   *Aquæ tophaceæ.*

ORDRE II.

Eaux sulfureuses.   *Aquæ sulfureæ.*

ESPECES.

1. Eau dont on tire du soufre.   *Aqua sulfurea sulfur suppeditans.*
2. Eau dont on ne tire pas de soufre.   *Aqua sulfurea sulfur non suppeditans.*

ORDRE III.

Eaux salées.   *Aquæ salinæ.*

ESPECES.

1. Eau alkaline.   *Aqua alkalina.*
2. Eau alkaline marine.   *Aqua alkalina marina.*
3. Eau chargée de sel de Glauber.   *Aqua salina Glauberiana.*
4. Eau chargée de sel d'Epsom.   *Aqua salina Epsomensis.*
5. Eau alumineuse.   *Aqua aluminosa.*

ORDRE IV.

| Eaux métalliques. | *Aquæ metallicæ.* |

ESPECES.

1. ̈Eau martiale.	*Aqua ferruginea fim-plex.*
2. Eau vitriolique fer-rugineufe.	*Aqua vitriolica martia-lis.*
3. Eau vitriolique cui-vreufe.	*Aqua vitriolica cuprofa.*
4. Eau vitriolique de zinc.	*Aqua zinci vitriolica.*

ORDRE V.

| Eaux bitumineufes. | *Aquæ bituminofæ.* |

DISCOURS

DISCOURS

PRÉLIMINAIRE.

Connoître les différens corps qui composent le Globe terrestre, ou qui couvrent sa surface ; saisir les rapports qu'ils ont entr'eux, & avec nous ; voir les différences qui les caractérisent ; dévélopper, s'il se peut, la nature de leurs principes, & les loix de leur formation, pour les appliquer plus sûrement à nos besoins : voilà l'objet de l'*Histoire Naturelle*. Elle comprend la Physique générale & particulière, les Mathématiques, la Chymie, la Médecine même, qui n'est que l'histoire de l'homme sain ou malade, & des différens corps qui ont rapport à lui.

Par cet exposé des différentes branches de l'*Histoire Naturelle*, on voit com-

bien cette fcience eft immenfe, lorfqu'on la prend dans fa plus grande étendue, & combien elle doit le paroître
davantage, lorfqu'on la fuit dans fes
détails : une feule partie de l'Hiftoire
de la Nature fuffit pour occuper la vie
de plufieurs Savans, & ce n'eft qu'en fe
bornant ainfi, qu'on eft parvenu à dé-
voiler quelques-uns de fes myftères.
Les Phyficiens fe font occupés du foin
de connoître les propriétés générales
de la matière, & les phénomènes les
plus apparens que préfentent certains
corps. Les Naturaliftes fe font attachés
à décrire chacune des fubftances qui
font partie de ce vafte Univers, & à
imaginer fur leur origine des fyftêmes
brillans. Les Chymiftes enfin, en les
analyfant, nous ont inftruit fur leur
nature & fur leurs propriétés : mais
malgré les travaux multipliés, & les
efforts réunis de ces grands hommes,
qui ont cherché à éclairer chacune des
branches de l'*Hiftoire Naturelle*, ils n'ont
encore pu nous donner que quelques

notions bien légères, lorfque nous les comparons à la quantité prodigieufe de connoiffances qui nous reftent encore à acquérir. Cependant, cette difficulté de parvenir au faîte de la fcience, ne fauroit nous décourager : nous defirons réunir tout ce que chacun de ces hommes illuftres a embraffé ; & fans croire nos forces fupérieures aux leurs, un defir invincible de profiter de leurs découvertes, nous anime. L'efpoir de reculer les bornes de la fcience, eft un motif affez puiffant pour nous faire entrer dans cette carrière, quelque pénible qu'elle foit ; & ce n'eft qu'à regret, & dans l'impoffibilité de connoître à fond toute l'*Hiftoire Naturelle*, que nous nous bornons à une de fes branches. Le moyen d'y acquérir des connoiffances très - exactes, feroit peut-être d'examiner les êtres qui nous environnent, à mefure qu'ils s'offrent à nos yeux, ou de les faire paffer en revue dans l'ordre de leurs rapports avec nous ; mais cette étude eft longue &

pénible ; c'eft celle de toute la vie ;
elle exige d'ailleurs un génie vafte,
capable de retenir une infinité de faits
détachés , & de les lier enfuite, pour
en former un enfemble : elle demande
en un mot, un homme tel que M. de
Buffon , & la nature en eft avare.

Les Méthodiftes nous fraient une
route plus courte & plus facile à par-
courir ; ils rangent tous les corps naturels fous un certain nombre de divi-
fions, dont les caractères font faciles
à retenir ; & ce n'eft qu'après nous avoir
préfenté des maffes générales, qu'ils
nous font entrer dans des détails plus
circonftanciés. La première divifion
qu'ils font des corps de la nature, eft
en trois règnes : le premier comprend
les minéraux , qui n'ont ni la vie ni le
mouvement ; le fecond , les végétaux,
qui ont la vie & le mouvement ; dans le
troifième enfin, font renfermés les animaux, qui ont avec la vie, le mouvement
& le fentiment. Quoique chacun des
corps qui fe trouvent dans un règne, n'en

ait pas les caractères dans un dégré également marqué , tous les Naturalistes
néanmoins ont admis cette distinction :
il n'en est pas ainsi des divisions secon-
daires ; comme les caractères qui servent à les faire reconnoître , font moins
marqués, tous les Auteurs n'ont pas suivi
les mêmes. On rencontre cependant
parmi les plantes & les animaux , des
êtres qui ont tant de rapport les uns
avec les autres , qu'on ne peut s'empêcher de les reconnoître , comme faifant des familles naturelles ; & quel
que soit le caractère qui sert à les dé-
signer dans les différentes méthodes des
Naturalistes , on trouve toujours réunis
les individus d'une même famille. A l'é-
gard des matières fossiles que la terre
renferme dans son sein , elles sont tellement mêlées les unes avec les autres ,
qu'il est souvent très-difficile de décider
quelle est celle qui domine dans un
échantillon , sur-tout lorsqu'on n'a pour
guide dans ses recherches que des caractères aussi variables que ceux des

formes & des couleurs : il ne faut pas pourtant négliger ces caractères, ils doivent concourir, autant qu'il est possible, avec ceux que nous donne un examen plus approfondi : la forme, par exemple, est un indice affez fûr pour nous faire diftinguer une mine de plomb blanche d'avec une mine de fer de la même couleur ; mais les cas pareils font rares, & l'œil le mieux exercé ne fauroit nous éclairer, autant fur la nature des fubftances minérales, que le peut faire une analyfe faite avec les précautions qu'indique la Chymie.

De l'Analyfe Chymique.

La Chymie eft la fcience qui apprend à connoître la nature & les propriétés des corps. Elle y parvient en féparant les parties qui les conftituent pour les examiner chacune féparément : elle les unit enfuite entr'elles ou avec d'autres corps, pour reconnoître quelles font les loix de leurs combinaifons, & s'efforce de reproduire des fubftances femblables aux premières, ou de nouvelles que la nature n'avoit pas faites.

Les noms d'*Analyſe* & de *Synthèſe* ſont ſynonymes en Chymie à ceux de décompoſition & de récompoſition.

On ne peut faire un pas dans l'Analyſe Chymique, ſans connoître une des propriétés fondamentales de la matière, que les Chymiſtes ont nommé *affinité.*

Ils entendent par affinité, la force avec laquelle les parties d'un corps homogène adhèrent entr'elles, & celle qui tend à unir deux ſubſtances de nature différenté; c'eſt ce qui a engagé M. Macquer à diſtinguer deux ſortes d'affinités. Il appelle *affinité d'aggrégation* celle qui a lieu, par exemple, entre deux molécules d'huile ou de mercure, qui, roulant ſur un même plan, viennent à ſe rencontrer & à ſe confondre.

L'*affinité de compoſition* eſt celle qui unit les parties de deux corps différens pour n'en former qu'une ſeule ſubſtance.

L'opinion la plus généralement adoptée, eſt que cette affinité dépend de ce

que les corps qui s'uniſſent, ſont compoſés de principes homogènes : elle ſe
meſure plutôt par l'adhérence de ces
corps après leur union, que par la facilité avec laquelle ils s'uniſſent; on en
peut prendre un exemple dans la manière dont les acides nitreux & marins
agiſſent ſur le mercure : le premier diſſout beaucoup plus facilement ce demi-
métal, quoiqu'il ait avec lui une affinité moindre que n'en a l'acide marin,
qui peut décompoſer le nitre mercuriel.

La première & la plus ſimple des affinités de compoſition a lieu entre deux
corps, comme entre l'eau-forte & le
fer qu'elle diſſout : la ſeconde eſt celle
de trois ou de quatre, qui ont une
égale diſpoſition à s'unir entr'eux,
comme des métaux qu'on mêle enſemble par la fuſion.

De la Diſſolution.

La Loi des affinités n'eſt jamais plus
ſenſible que dans les diſſolutions.

Une diſſolution eſt une opératicn

chymique dans laquelle un corps en pénètre un autre, & se l'assimile de manière à ne former plus qu'un avec lui ; cette action ne peut avoir lieu qu'un des deux ne soit fluide, de-là l'axiôme *corpora non agunt, nisi sint fluida.*

On appelle *dissolvans* ou *menstrues*, les substances qui peuvent dissoudre les corps qu'on leur présente, & on les distingue en simples & en composés.

Les dissolvans simples sont le feu & l'eau.

Le feu appliqué aux corps les pénètre, il les dilate ; & cette dilatation portée au plus haut point, produit la désunion du corps chauffé, ou la fusion, qu'on peut regarder comme une sorte de dissolution ignée.

Cette propriété de se fondre n'existe que dans les substances, qui contiennent beaucoup du principe inflammable ; car elle n'a lieu que très-difficilement dans les substances terreuses en général, & point du tout dans celles qu'on regarde comme les terres les plus pures. Lorsque le feu, après avoir pénétré un corps, vient à s'en séparer, le parties de ce corps se réunissent, en vertu de leur affinité d'aggrégation, & la masse recouvre sa solidité, mais d'une manière lente, & qui permet à ces parties de s'appliquer par des surfaces égales, & avec d'autant plus de régularité, que le refroidissement a été plus lent : c'est une sorte de crystallisation qui se fait à l'aide du feu.

L'eau est encore un dissolvant simple, qui a de l'action sur plusieurs corps, qui en contiennent en abondance ; tels sont les sels, le foie de soufre, les matières mucilagineuses, &c.

On peut considérer l'eau dans deux états différens ; comme froide, depuis quelques dégrés au-dessous du terme de sa congélation, jusqu'à trente ou trente-cinq dégrés au thermomètre de M. de Réaumur ; & comme chaude, depuis ce terme, jusqu'à l'ébullition.

Tous les sels ne se dissolvent pas en

égale quantité dans l'eau ; ceux qui en contiennent beaucoup, & dont la texture est lâche, se laissent dissoudre avec la plus grande facilité ; mais ceux qui ont plus de densité, & qui retiennent moins de ce fluide, en exigent davantage pour être dissous.

On a plusieurs moyens de séparer les sels de l'eau qui les tient en dissolution. Premièrement, lorsque l'eau en a dissout une certaine quantité à l'aide de la chaleur, elle laisse précipiter cette quantité en se refroidissant ; & plus ce refroidissement est lent, plus le sel qui se précipite a le temps de s'arranger, & de prendre une forme régulière. Cet arrangement régulier des sels, qui forme des masses plus ou moins transparentes, se nomme *crystallisation* ; & toutes celles qui ont lieu pour les substances salines, plus dissolubles dans l'eau chaude que dans l'eau froide, ne suivent d'autre loi, pour arriver au point de perfection, que celle d'un refroidissement très-lent.

A l'égard des fels qui fe diffolvent également bien dans l'eau froide & dans l'eau chaude, ils ne peuvent fe cryftalli-fer que par l'évaporation de l'eau qui les tient en diffolution, & la forme qu'ils prennent eft d'autant plus régu-lière que cette évaporation fe fait plus lentement.

Les fubftances falines qui attirent for-tement l'humidité de l'air, doivent être évaporées très-rapidement & refroidies de même.

Toutes les cryftallifations fe font dans des vaiffeaux dont l'ouverture eft large ; on les nomme *capfules à cryftallifer*, elles font faites de grès ou de verre.

Les évaporations fe font dans ces capfules ou dans des vaiffeaux de verre, dont le fond a un diamètre égal à celui de l'ouverture, & on les nomme *évapo-ratoirs*.

La précipitation offre un autre moyen de dégager les fels, de l'eau qui les tient en diffolution.

On entend par précipitation la féparation d'un corps diffous d'avec celui qui le tenoit en diffolution, opérée par une troifième fubftance, qui a plus d'affinité avec l'un des deux corps, qu'ils n'en avoient enfemble : ainfi, par exemple, fi on verfe dans une diffolution de fel marin, un peu d'efprit-de-vin, qui a beaucoup plus d'affinité avec l'eau que n'en a le fel, celui-ci fe précipite.

Les diffolvans qu'on nomme *compofés*, font le foufre, les fels, les matières demi-métalliques & métalliques, les huiles & les efprits ardens.

Le genre d'union qu'ils contractent avec les fubftances auxquelles ils s'uniffent, eft très-différent de celui qui a lieu entre un diffolvant fimple & la matière qu'il diffout ; celui-ci n'eft qu'interpofé entre les parties du corps qu'il tient en diffolution, & ne change en rien fes propriétés : l'autre au contraire entre vraiment dans la combinaifon : on le voit dans la diffolution du fer opérée par l'acide vitriolique ; l'une & l'autre de ces fubftances perdent tellement leurs propriétés, qu'on ne retrouve plus après leur union, ni fer, ni acide, mais un composé des deux, nommé *vitriol martial* ou *couperose verte*.

Le soufre est une substance minérale, sèche & inflammable, qui s'unit très-bien par la fusion à la plupart des métaux & des demi-métaux, avec lesquels elle forme des mines métalliques : le grillage peut séparer le soufre ainsi uni à un métal ; on y parvient encore en présentant à ce composé, un corps qui ait une affinité plus grande avec le soufre ou le métal que ces deux matières n'en ont ensemble.

Les sels sont des corps qui ont de la saveur, & la propriété de se dissoudre dans l'eau ; ceux qui peuvent le plus ordinairement servir de menstrues, sont acides ou alkalis.

Les sels acides ont une saveur vive & brûlante ; lorsqu'ils sont étendus d'eau, elle paroît aigre : ils rougissent les teintures bleues des végétaux, comme de tournesol & de violettes : ils s'unissent avec effervefcence à la craie, aux pierres à chaux, aux fels alkalis & diffolvent les métaux. Il réfulte de toutes ces diffolutions, des fels appellés *neutres*, qu'on peut obtenir fous forme sèche & cryftalline, en faifant évaporer l'eau dans laquelle l'acide étoit étendu, & qui après qu'il s'eft combiné avec fa bafe, tient le nouveau fel neutre en diffolution : les règles de ces cryftallifations font les mêmes que celles qu'on obferve dans les cryftallifations en général.

Quoique les acides foient en état de diffoudre plufieurs fubftances, ils n'ont pas avec toutes le même dégré d'affinité : M. Géoffroy avoit formé une table des différens rapports que les diffolvans ont avec les corps qui peuvent leur fervir de bafe ; feu M. Rouelle fit quelques additions importantes à cette table : plufieurs Chymiftes ont fait des tables d'affinités beaucoup plus détaillées, comme ont peut le voir dans leurs ouvrages.

La table de M. Géoffroy, augmentée

par M. Rouelle, eſt écrite en caractères, & diſpoſée par colonnes, placées
à côté les unes des autres : à la tête de
chaque colonne ſe trouve le diſſolvant
ou menſtrue ; immédiatement au-deſſous, la ſubſtance avec laquelle il a la
plus grande affinité ; en deſcendant
ainſi, la ſubſtance qui eſt le plus au-bas
de la colonne, eſt celle qui a la moindre affinité avec le diſſolvant.

On peut prendre un exemple ſimple
de ces affinités dans la première colonne de la table. Le caractère qui eſt
au haut eſt celui des acides ; le plus bas
de cette même colonne eſt celui des
matières métalliques : il réſulte de ces
deux corps un ſel neutre, à baſe métallique, du vitriol martial, par exemple, compoſé de fer & d'acide vitriolique. Or, ce ſel peut être décompoſé
par toutes les matières qui ſe trouvent
entre la matière métallique & l'acide :
ainſi, une terre abſorbante, comme
la craie ou l'eau de chaux, verſée dans
une diſſolution de vitriol martial, s'unit

à

à l'acide, & le fer se précipite. Après la précipitation du métal, l'eau tient en dissolution un sel neutre à base calcaire. L'alkali volatil, qui se trouve placé au-dessus des terres absorbantes, versé sur la dissolution de ce sel neutre, en dégage la terre en s'unissant à l'acide avec lequel il forme un sel ammoniac. Enfin, si dans cette dissolution de sel ammoniac, on ajoute un alkali fixe, l'alkali volatil se dégage, & l'acide se portant sur l'alkali fixe, en forme un sel neutre parfait.

Quoique dans la table on ne trouve aucun corps entre les acides & l'alkali fixe, il ne s'ensuit pas pour cela qu'on ne puisse rompre l'union de ces deux substances. Le principe que les Chymistes ont nommé *phlogistique*, suffit souvent pour opérer cette décomposition.

Elle peut aussi se faire en vertu des doubles affinités qu'on ne peut mieux entendre que par l'exemple suivant.

Le tartre vitriolé, qui est un sel neutre parfait, formé par l'acide vitrioli-

que, uni à l'alkali fixe, ne peut être
décomposé par le mercure. Mais si on
mêle une dissolution de ce métal dans
l'eau-forte avec une dissolution de tartre
vitriolé, les deux sels neutres sont décomposés réciproquement. L'acide nitreux quitte le mercure pour s'unir à
l'alkali fixe, avec lequel il a plus d'affinité, & fait lâcher prise à l'acide vitriolique, qui n'auroit pas abandonné
sa base alkaline, s'il ne trouvoit à côté
de lui le mercure, auquel il peut s'unir;
ensorte qu'on peut dire que la décomposition du tartre vitriolé, commencée
par l'eau-forte, est achevée par le mercure.

Dans le nombre des affinités il y en
a qui paroissent réciproques : le sel ammoniac, par exemple, composé d'un
alkali volatil, uni à un acide, peut
être décomposé par la craie ; il résulte
de cette décomposition, premièrement,
l'alkali volatil, qui servoit de base à l'a-
cide dans le sel ammoniac, & de plus
un nouveau sel neutre, formé par l'u-

nion de l'acide à la craie. Si on verse dans la dissolution de ce nouveau sel le même alkali volatil qui a été dégagé par la craie, il s'unit à l'acide, & précipite la terre calcaire qui avoit d'abord servi à le séparer. Cette expérience, qui paroît contredire la loi reconnue des affinités, ne dépend que de la volatilité de la base du sel ammoniac, comme on peut s'en assurer par les phénomènes de la décomposition de ce sel.

Tous les acides peuvent être employés comme menstrues chymiques; on les distingue communément en acides minéraux, acides végétaux, & acides animaux.

Les acides minéraux sont quatre; savoir, l'acide vitriolique, l'acide nitreux, l'acide marin & l'acide sulfureux. ils ont tous les caractères communs assignés aux acides, & de plus des caractères particuliers qui servent à faire reconnoître chacun d'eux.

L'acide vitriolique n'a ni couleur, ni

odeur ; il eſt le plus fort des acides, c'eſt-à-dire, qu'il peut ſéparer tous les autres des baſes auxquelles ils ſont unis.

L'acide nitreux tient le ſecond rang ; il a une odeur nauſéabonde ; lorſqu'il eſt bien rapproché, il a une couleur d'un brun-rouge, & répand des vapeurs rouſſes.

L'acide marin eſt le troiſième ; ſa couleur eſt jaunâtre ; il a une odeur moins déſagréable que celle de l'acide nitreux ; lorſqu'il eſt bien concentré, il répand des vapeurs blanches.

L'acide ſulfureux eſt le plus foible des acides minéraux ; il n'a point de couleur, mais il a une odeur vive & ſuffoquante.

Les acides végétaux ſont de deux ſortes ; les uns exiſtent tout formés dans les plantes, comme les ſucs de groſeilles & de limons ; les autres ſont le produit de la fermentation, comme le vinaigre. On peut leur ajouter encore ceux qui étoient enveloppés dans les plantes, &

combinés avec d'autres principes, &
que la Chymie en dégage par l'analyſe.

Les acides ne ſe trouvent jamais dans
le corps animal que dans l'état de combinaiſon ; ils ſont tous dégagés, ou par
la fermentation, ou par l'analyſe chymique. Le plus puiſſant de tous eſt l'a-
cide *phoſphorique.*

En général, les acides, tant végétaux
qu'animaux, ſont moins forts que les
acides minéraux ; ils ſont tous plus ou
moins maſqués par une portion d'huile
qui les affoiblit, & diminue leurs propriétés.

Les ſels alkalis forment un autre
ordre de menſtrues ſalins ; on les reconnoît à leur ſaveur urineuſe & piquante, à la propriété qu'ils ont de
verdir le ſirop de violettes, & à l'efferveſcence qu'ils font avec les acides.
On diſtingue les alkalis en fixes & en
volatils : les premiers n'ont point d'o-
deur ; les ſeconds en ont une très-vive.

Les ſels neutres font rarement fonction de menſtrues ; parceque leur ten-

dance à se combiner est ordinairement satisfaite ; cependant cela souffre exception dans plusieurs cas.

Les substances métalliques fondues, peuvent se servir de menstrues réciproquement, & on peut rompre leur union par l'intermède d'un corps qui ait plus d'affinité avec l'une des deux substances qu'elles n'en ont ensemble ; par exemple, si on plonge dans du mercure une combinaison de cuivre & d'or, le mercure s'unit à l'or & laisse le cuivre.

Les huiles sont des corps onctueux, inflammables, immiscibles à l'eau ; on les retire des végétaux, des animaux & des matières bitumineuses : elles contiennent abondamment le principe nommé *phlogistique*, & dissolvent très-facilement les substances qui contiennent ce même principe, sur-tout, lorsqu'il est dans l'état huileux. Le soufre minéral, certaines chaux métalliques, les matières bitumineuses, les résines des végétaux, sont très-dissolubles dans les huiles.

Les efprits ardens font des liqueurs inflammables, qui ont une odeur forte, & peuvent fe mêler à l'eau. Les principaux & les plus ufités, font l'efprit tiré du vin, de la bierre & des autres végétaux fermentés. On peut y joindre les *ethers*, qui, quoique moins mifcibles à l'eau, s'y mêlent pourtant complettement, quand la quantité de ce fluide eft fuffifante. Les corps que les efprits ardens diffolvent le mieux, font ceux qui font inflammables, & dont le principe huileux eft prefque à nu, comme certains bitumes, les réfines & les huiles effentielles des plantes. On peut féparer les matières diffoutes dans les efprits inflammables, par l'évaporation du menftrue, ou en verfant dans la diffolution une certaine quantité d'eau qui s'unit à l'efprit, & dégage la matière huileufe qui fe précipite en floccons blancs & légers.

De la Diftillation.

La plus fimple de toutes les opérations de la Chymie, après la diffolution, c'eſt la ſéparation des principes volatils, d'avec les principes fixes d'un corps, qui s'opère par la diſtillation, à l'aide du feu.

Comme les produits volatils qu'on retire des différentes ſubſtances, ſont, ou fluides, ou concrets, cela a donné lieu de diviſer la diſtillation en deux eſpèces.

La première eſt la diſtillation, proprement dite, opération par laquelle on retire, ſous forme fluide, les produits volatils des corps analyſés.

La ſeconde eſt la ſublimation , qui préſente à nu les principes volatils des corps ſous une forme ſèche.

On a diſting. é la diſtillation , en diftillation monte te , ou *per aſcenſum ;* diſtillation deſc dante, ou *per deſcenſum ;* & diſtillation latérale, ou *per latus :* mais toutes ces opérations ſont au fond la même choſe, & ne diffèrent que par la forme des vaiſſeaux dont on ſe ſert pour opérer.

Dans toute diſtillation la matière à
analyſer

analyser est renfermée dans un vaisseau qu'on fait chauffer ; la chaleur dilate la substance qui est soumise à son action, & donne lieu aux principes volatils de se dégager sous la forme de vapeurs qui tendent toujours à s'éloigner du feu qui les volatilise.

Dans la distillation qu'on appelle *montante*, on se sert d'un instrument que les Chymistes ont nommé *alambic* ; il est composé d'un vaisseau profond, ou espèce de chaudron, dans lequel on met les substances à analyser. Cette première pièce se nomme *cucurbite* ; elle doit être couverte d'une seconde pièce appellée *chapiteau :* ce chapiteau est un cône dont la base est retrécie pour s'ajuster à la cucurbite : le rétrécissement de cette base du cône forme une gouttière à l'intérieur, dans sa partie la plus large. Cette gouttière a une ouverture qui répond à un canal qui sort du chapiteau & qu'on nomme le *bec*. Les vapeurs qui s'élèvent du corps renfermé dans la cucurbite, vont se condenser dans le chapiteau, y forment des gouttes qui tombent le long de ſes bords, & ſe raſſemblent dans la gouttière, pour s'écouler enſuite par le bec.

L'alambic, tel qu'il vient d'être décrit, peut être fait de verre, de terre ou de métal.

Les alambics de verre ont l'avantage de laiſſer voir à l'intérieur ce qui s'y paſſe; ils ne ſont pas ſujets à ſe laiſſer corroder par pluſieurs matières qui ont de l'action ſur les ſubſtances métalliques; mais ils ont l'inconvénient de ſe caſſer, en paſſant ſubitement du froid au chaud; & on ne peut faire dedans que des petites opérations. On fabrique de ces alambics dont le chapiteau eſt uni à la cucurbite : on les nomme alambics d'une pièce. Les cucurbites de terre ſouffrent un peu mieux l'alternative du froid & du chaud : on s'en ſert pour diſtiller à feu nu les matières corroſives.

Les alambics de métal ſont plus d'uſage pour les grandes diſtillations; la

cucurbite eſt de cuivre étamé, le chapiteau eſt d'étain ; il eſt renfermé dans
un ſeau de cuivre, ſoudé à la baſe du
cône : ce ſeau prend le nom de *réfri-
gérent*, parcequ'on le remplit d'eau
froide pendant les diſtillations : par le
moyen de cette eau, on obtient plutôt
des produits beaucoup meilleurs. Pour
bien entendre cela, il faut ſe ſouve-
nir que la diſtillation ne peut avoir lieu,
que les vapeurs du corps qu'on diſtille
ne ſe condenſent ſous le chapiteau : or,
le froid qu'elles éprouvent en y paſſant,
produit cette condenſation, & la diſtillation eſt plus prompte, les produits
en ſont meilleurs ; parceque les vapeurs
circulant dans les vaiſſeaux chauds, y
prennent une odeur de feu déſagréable, & d'autant plus forte, qu'elles ont
été plus long-temps ſans ſe condenſer.
Les Chymiſtes nomment cette odeur
empyreume. Pour aider la condenſation
des vapeurs, on ajuſte au bec du chapiteau de l'alambic un tuyau nommé
ſerpentin ; ce tuyau eſt d'étain ; il eſt

tourné en spirale, & plongé dans un seau de cuivre plein d'eau froide : les vapeurs qui coulent dans le serpentin, arrivent très-froides dans le vaisseau destiné à les recevoir.

Les distillations qui s'opèrent dans l'alambic de métal, peuvent se faire ou à feu nu, ou par un intermède appellé *bain*. Lorsque la distillation se fait à feu nu, on place l'alambic sur un fourneau de brique ou de terre. Ce fourneau est toujours composé de deux cavités, séparées par une grille, & chaque cavité a au-devant une ouverture particulière, qu'on peut ouvrir ou fermer à volonté. La cavité qui est au-dessus de la grille, sert à mettre la matière combustible, comme le bois ou le charbon ; celle qui est au-dessous reçoit les cendres, & donne entrée à une certaine quantité d'air, qui, passant dans le foyer, augmente l'activité du feu. La cucurbite entre dans la cavité supérieure du fourneau jusqu'aux deux tiers de sa hauteur ; elle est soutenue par un rebord assez élevé au-deſſus de la grille, pour qu'on puiſſe mettre la quantité de feu néceſ-faire pour opérer. Immédiatement au-deſſous du bord qui ſoutient la cucurbite, au côté oppoſé à la porte du foyer, ſe trouve placé l'ouverture d'une cheminée, qui ſort en dehors du fourneau, & donne iſſue à la fumée.

Toutes les diſtillations ne peuvent pas ſe faire à feu nu, ſoit parcequ'elles ont beſoin d'une chaleur plus foible, ſoit encore parceque les vaiſſeaux ſont ſujets à ſe caſſer; comme ceux qui ſont faits de verre; alors on plonge les vaiſſeaux dans de l'eau ou dans du ſable qui ſervent de bain.

Pour opérer de cette manière avec un alambic de métal, on met de l'eau dans la cucurbite de cuivre, on place dedans une ſeconde cucurbite faite d'é-tain, dont l'ouverture s'adapte au cha-piteau, la matière à analyſer eſt miſe dans la cucurbite d'étain, & chauffée par l'eau ou par les vapeurs de l'eau contenue dans la cucurbite de cuivre.

Dans le premier cas, le bain se nomme *bain-marie*, dans le second, *bain de vapeurs*.

On peut faire des distillations dans un alambic de verre au bain - marie, en assujettissant le vaisseau distillatoire dans un chaudron plein d'eau chaude, fermé d'un couvercle qui est percé d'un trou, par lequel passe la partie supérieure de la cucurbite.

Lorsqu'on emploie le sable, il suffit d'en mettre dans une poële de fer sur un fourneau, & d'enfoncer son appareil, plus ou moins, selon la chaleur dont on a besoin.

La distillation qu'on nomme *descendante*, se fait avec un appareil fort simple : on prend un verre à boire dans lequel on met un peu d'eau ; on le couvre d'une toile assujettie avec un fil ; on place sur cette toile la matière qu'on veut distiller, on la couvre d'un bassin de balance, capable de fermer l'ouverture du verre ; on met dans ce bassin des cendres & quelques charbons allumés ; la chaleur dégage des vapeurs, qui tendant à s'éloigner du feu, paffent à travers la toile, & vont fe condenfer dans l'eau qui eft au fond du verre.

La troifième diftillation ou la diftillation latérale, fe fait dans un vaiffeau d'une feule pièce ; c'eft une efpèce de bouteille ovale, terminée par un grand col courbé, qui fait avec la bouteille un angle plus ou moins aigu ; ce vaiffeau fe nomme *retorte* ou *cornue*, il eft de verre, de grès ou de métal.

Il y a des cornues qui ont à leur fommet une ouverture par laquelle on introduit la matière à analyfer ; mais le plus ordinairement on eft obligé de la faire entrer par le col même du vaiffeau, à l'aide d'un entonnoir à longue tige.

Les cornues de verre reftent telles qu'elles font, lorfqu'on s'en fert pour diftiller au bain de fable ou au bainmarie : mais il eft des occafions où elles doivent fupporter l'action du feu nu ; alors on les enduit d'une couche mince de terre à four ; on fait de même pour les cornues de grès.

Le fourneau qui sert pour distiller à feu nu dans une cornue, se nomme *fourneau de réverbère*; il est composé d'un foyer & d'un cendrier, séparés par une grille comme tous les fourneaux; au-dessus du foyer est un cercle de terre qui porte à son bord supérieur une petite échancrure demi-circulaire : on place dans le cercle la cornue posée sur deux barres de fer qui traversent le fourneau, & sont reçues dans des petites échancrures du bord supérieur du foyer; on ferme le fourneau avec un dôme terminé par une cheminée : ce dôme a une petite échancrure demi-circulaire, qui s'ajustant avec une pareille du cercle, forme un trou par lequel passe le col de la cornue : comme ce dôme est propre à refléchir la flamme sur la cornue, on lui donne le nom de *réverbère*. Souvent on joint à ce fourneau une espèce de tour creuse, qui communique par une pente douce avec le foyer; on emplit cette tour de charbon, & à mesure que les matières sont consumées, le charbon tombe de la tour dans le fourneau ; on le nomme pour cela *fourneau éternel* ou *athanor*.

Les produits des distillations sont reçus dans des vaisseaux, qu'on désigne sous le nom générique de *récipiens* ; mais selon leur forme, on leur a assigné différens noms : on appelle *matras*, une bouteille sphérique dont le col est long ; *ballon* une bouteille de même forme, mais beaucoup plus grosse & dont le col est court.

Il y a de ces ballons qui ont deux ouvertures opposées, ils servent dans les cas où l'on est obligé d'en mettre plusieurs les uns au bout des autres pour condenser des vapeurs.

On se sert dans la distillation des huiles essentielles, d'un récipient particulier ; c'est une espèce de vase fait en poire, dont le col est à la partie la plus étroite, il porte vers le fond un syphon courbé en S.

On proportionne la grandeur du récipient à la quantité des produits & à leur nature ; quand ce font des vapeurs très-expanfibles, on emploie de très-grands ballons ; on tâche auffi d'ajufter, autant qu'il eft poffible, l'ouverture du récipient au bec du chapiteau ou au col de la cornue qui doit entrer dedans ; & on les affujettit par le moyen des luts.

Le plus fimple eft une bande de papier enduite de colle, dont on entoure l'ouverture des vaiffeaux : lorfque celui-ci ne fuffit pas, on en peut faire avec du linge couvert d'une pâte de blanc-d'œuf & de chaux éteinte à l'air. **M.** Roux a donné aux Écoles de Médecine le procédé d'un très-bon lut, fait avec la colle-forte délayée dans l'eau chaude, & la poudre qui refte après qu'on a tiré l'huile des amandes. On peut encore fe fervir d'un morceau de veffie mouillée. Dans les diftillations des acides minéraux, les Chymiftes emploient un lut gras, qu'ils font avec l'huile de lin bouillante, dans laquelle ils verfent du fuccin en fufion ; ils forment avec cette efpèce de vernis gras , & la terre glaife defféchée & réduite en poudre , une pâte très-ductile & qui fe sèche difficilement.

Lorfqu'on a befoin d'éloigner le ballon du fourneau , dans les opérations qui fe font à la cornue , on fe fert d'un petit vaiffeau de verre , de forme allongée , ouvert à fes deux extrémités ; ce tuyau fe nomme *allonge* ; on le lutte d'une part à la cornue , & de l'autre au récipient.

La digeftion eft une opération fort analogue à la diftillation ; elle n'en diffère qu'en ce que les produits fe reverfent continuellement fur la matière à analyfer ; ce que les Chymiftes ont appellé *cohobation :* ils ont imaginé pour cette opération des vaiffeaux connus fous les noms de *gémeaux* & de *pélicans.*

Les gémeaux font compofés de deux alambics de verre d'une pièce , difpofés de manière que le bec de chacun des chapiteaux eft reçu dans la cucurbite qui lui eft oppofée : enforte que

mettant le feu fous l'un des alambics, l'autre lui fert de récipient,
& chauffant enfuite le fecond, le premier reçoit à fon tour le produit de la
diftillation.

Le pélican eft un alambic d'une pièce
dont le chapiteau a deux becs, qui tous
deux font courbés, & rentrent dans la
cucurbite, de manière que les vapeurs
qui s'élèvent dans le chapiteau, retombent continuellement par les becs
dans le vaiffeau diftillatoire.

A tous ces vaiffeaux qui ne font prefque plus ufités, on a fubftitué un appareil beaucoup plus fimple : il confifte
à mettre dans un grand matras la matière qu'on veut faire digérer ; on ferme le matras avec un autre plus petit,
dont le col rentre dans celui du grand,
on ferme les jointures & on procède
à la digeftion. Les vapeurs qui s'élèvent
dans le petit matras, retombent dans
le grand, & fe récohobent.

On fe fert auffi quelquefois d'un
alambic dont le chapiteau n'a point de

bec; & entre dans la cucurbite; on le nomme *alambic aveugle.*

La seconde espèce de distillation est la sublimation; les appareils dont on se sert dans cette opération sont fort simples. On pose sur une cucurbite de terre plusieurs pots de fayance, ouverts par les deux bouts; le dernier est fermé d'un couvercle conique percé d'un petit trou; on met la matière à analyser dans la cucurbite placée sur son fourneau; on ajuste les pots qu'on nomme *aludels*; la vapeur sèche que le feu élève s'attache dans leur intérieur : cet appareil est d'usage pour retirer les fleurs de soufre.

On se sert encore pour des sublimations de deux terrines vernissées, dont on a usé les bords sur un grès pour qu'elles ferment mieux; celle qui doit servir de cucurbite, se met sur un fourneau, on pose l'autre dessus & on lutte les jointures avec une bande de papier enduite de colle; il faut avoir soin que la terrine supérieure soit percée d'un

petit trou. Quelques perſonnes ſont
dans l'uſage de ſe ſervir d'un pot de
terre, qu'on couvre d'un grand cône
de carton ; mais ce carton a l'inconvénient de laiſſer échapper par ſes pôres
beaucoup de la matière qui ſe ſublime.

De la Calcination.

La calcination eſt une opération entièrement oppoſée à la diſtillation : elle
nous préſente à nu les principes les plus
fixes des corps, & ſe fait toujours à feu
ouvert dans une cuiller de fer , ou
dans un creuſet de terre. On fait ces
ſortes de vaiſſeaux , avec la même argille dont on fait les fourneaux ; ils ſup-
portent aſſez bien l'alternative du froid
& du chaud ; mais comme ils ſont très-
poreux , ils laiſſent paſſer la plupart des
ſubſtances qu'on y fait fondre : on les
connoît ſous le nom de *creuſets de France*.
On fabrique encore des creuſets avec
la pâte des poteries de grès ; on les
nomme *creuſets d'Allemagne :* ils retiennent aſſez bien les ſubſtances même

les plus fufibles, mais ils font fujets à caffer, lorfqu'on les fait chauffer ou refroidir trop brufquement. On fait des creufets avec une efpèce de pierre talqueufe noire, connue fous le nom de *mine de plomb des peintres* ou *plombagine* ; on peut s'en fervir pour fondre des métaux, mais ils font rarement d'ufage.

De quelques Opérations préliminaires de la Chymie.

A toutes les opérations analytiques de la Chymie, on peut ajouter celles qui ne font que préliminaires, & qui paroiffent plus méchaniques que chymiques. Telle eft premièrement la trituration : c'eft une divifion des matières à analyfer qui fe fait dans des mortiers de fer, de marbre ou de verre : les premiers fervent pour les matières très-dures ; leur pilon eft du même métal : les feconds font employés pour des matières plus tendres qui ne font point corrofives ; leurs pilons font faits de bois : enfin , les derniers fervent pour les matières falines & corrofives ; leurs pilons doivent être de verre : on peut leur fubftituer des mortiers d'agathe.

Les matières qui doivent être réduites en poudre fine , font broyées avec une maffe de porphyre fur une table de même matière , ou fur une efpèce de pierre très-dure , nommée *écaille de mer.*

Toutes les poudres doivent être paffées à travers des tamis , qui font de crin pour les poudres groffières , & de foie pour celles qui font plus fines.

La filtration eft encore une manœuvre fouvent néceffaire , pour féparer une liqueur des matières auxquelles elle eft mêlée & l'avoir pure ; on fe fert quelquefois d'une fimple toile , d'une étamine ou d'une étoffe de laine , qu'on appelle *blanchet.* On accroche ces morceaux d'étoffe aux quatre coins d'un chaffis de bois, monté fur un pied ; fouvent on fe fert, pour filtrer, de papier

gris

gris ou blanc non collé, qu'on met dans un entonnoir de verre. Les liqueurs qui passent au travers des pôres du papier font très-limpides, & auffi pures qu'elles peuvent l'être par la filtration.

On trouve encore dans les laboratoires de Chymie plufieurs inftrumens, comme des balances de différentes grandeurs, pour pefer depuis quelques livres, jufqu'à des parcelles de grain. Ces dernières, qui font très-délicates, font communément renfermées fous une lanterne de verre : on les nomme *balance d'effai.*

Différens outils pour travailler les métaux, comme tas d'acier, bigorne, marteau à planer, cifailles, &c. cônes de fer & lingotières, pour couler les matières métalliques fondues.

Uftenfiles pour travailler dans les fourneaux & manier les creufets ; une petite forge garnie de fon foufflet.

Un fourneau fervant à coupeller les métaux ; ce fourneau ne diffère de celui de réverbère que par fa forme, qui eft

Tome I. D

quarrée: l'endroit qui répond au foyer eft féparé de celui qui répond au cen-drier, par deux barres de fer fur lef-quelles porte un vaiffeau de terre, long, plat en deffous, convexe en deffus : on l'appelle *moufle*; fon ouverture répond à la porte du foyer : on met fous cette moufle les creufets ou coupelles qui font ou faites d'une argille bien réfractai-re, ou préparées avec la terre des os d'animaux bien calcinée & bien lavée, dont on fait avec de l'eau une pâte à laquelle on donne la forme néceffaire dans des moules. Le cendrier du four-neau eft percé de plufieurs ouvertures; le dôme en a une antérieurement, par laquelle on jette le charbon.

Telles font en général les opérations de la Chymie, & les inftrumens qu'elle emploie L'induftrie de chaque artifte peut en créer fuivant fes befoins ; mais il a toujours plus d'avantage à en di-minuer le nombre qu'à l'augmenter.

Des Élémens.

Quelque loin que l'analyse chymique puisse nous conduire dans les recherches sur la nature & les propriétés des corps, elle en trouve cependant qui se refusent absolument à toute décomposition, & qui jusqu'à présent paroissent absolument inaltérables & toujours les mêmes, de quelque substance qu'on les retire. Les Chymistes ont regardé ces corps, les plus simples de tous, comme les principes ou élémens qui servent à former les autres, qu'ils ont distingués en mixtes & en composés.

Ils appellent mixtes les corps qui résultent de l'union des élémens, & composés, ceux qui sont formés de mixtes ; & comme ces composés peuvent eux-mêmes être formés d'un nombre de corps déja composés, M. Macquer croit qu'on pourroit, avec raison, les distinguer en composés du premier, du second & du troisième ordre, &c. Il est bon d'observer que dans une masse, chaque petite particule eft elle-même un compofé, & que leur état de réunion forme ce qu'on appelle un aggrégé de compofés; enforte qu'on peut détruire l'aggrégation d'un morceau de foufre; par exemple, en le réduifant en poudre, fans que fa compofition foit altérée.

La découverte des premiers élémens des corps étant le point vers lequel tendent toutes les analyfes chymiques, il faut les connoître avant d'entrer dans le détail des fubftances plus compofées: les Phyficiens, ainfi que les Chymiftes, ont reconnu quatre élémens: le feu, l'air, l'eau & la terre.

Du Feu.

Le feu eft un fluide très-actif qui pénètre tout, & qui, par fon extrême agitation, femble fe fouftraire aux loix générales d'inertie & de repos, impofées aux autres corps. Nous ne pouvons mieux nous éclairer fur la nature de ce principe, qu'en examinant l'une après l'autre ſes différentes propriétés.

La chaleur eſt le premier & le plus ſenſible des effets du feu ; mais la ſenſation qu'elle produit devenant plus ou moins forte pour nous , ſuivant l'état où nous ſommes lorſque nous venons à l'éprouver , elle ne peut rien nous apprendre de poſitif ſur la quantité de matière ignée dont un corps eſt actuellement pénétré ; puiſque ce qui nous paroît froid dans un temps, nous ſemble chaud dans un autre. Nous trouvons les caves chaudes en hiver & froides en été; & cependant lorſqu'elles ſont très-profondes, elles gardent, à-peu-près, la même température dans tous les temps; & quand elles ſont plus près de la ſurface de la terre , elles ſuivent alors les variations de l'air ſeulement d'une manière moins ſubite & moins marquée.

La lumière eſt encore regardée comme un effet du feu; quelques Phyſiciens même prétendent que le feu n'eſt que la matière de la lumière, qui acquiert une nouvelle force, en pénétrant des corps denfes qui s'oppofent à fon paffage ; mais le plus grand nombre regarde ces deux fubftances comme très-diftinctes. En effet, la lumière peut être réfléchie en tombant fur certains corps, & décompofée par le prifme, comme le démontrent les expériences de Newton ; le feu au contraire n'a aucune de ces propriétés. Il eft d'ailleurs très-conftant que beaucoup de corps qui contiennent une très-grande quantité de feu, comme une barre de fer chaude & qui n'eft point rouge, de l'eau bouillante, &c. ne font nullement lumineux ; tandis que, comme l'indique Boerhaave, les rayons de la lune raffemblés par un miroir ardent, produifent une très-grande lumière, fans qu'on s'apperçoive de la moindre augmentation de chaleur au foyer de ce miroir. La dilatation que produit le feu dans tous les corps qu'il pénètre, eft de tous les fignes de fa préfence, celui qui peut nous indiquer, de la manière la plus fûre, en quelle quantité il entre dans une fubftance ; car nous voyons cette dilatation croître dans tous les corps, à mefure qu'ils reftent plus long-temps expofés à l'action de cet élément. Si on prend deux barres de fer parfaitement égales, qu'on en faffe chauffer une, elle paroîtra plus longue que l'autre, & ne paffera pas, étant chaude, par où elle paffoit avant d'avoir fouffert l'action du feu ; parceque la dilatation produite par la chaleur a lieu en tout fens, & le dernier degré de cette dilatation produit l'écartement total des parties du corps folide, ou la fufion ; mais en réfroidiffant, tout rentre dans fon premier état.

Les Phyficiens ont conftruit un inftrument très-propre à mefurer les degrés de dilatation d'un corps chauffé ; ils le nomment *pyromètre :* il eft compofé d'une lampe à l'efprit-de-vin, dans laquelle plufieurs méches fe trouvent difpofées fur la même ligne droite. On place au-deffus de ces méches la tige de métal qu'on veut foumettre à l'expérience ; cette tige paffe par une de fes extrémités, dans un pilier folide, placé à l'un des bouts de la lampe, il eft furmonté d'une vis de preffion, qui fert à arrêter la tige de métal, & à s'oppofer à fa dilatation dans ce fens.

L'autre extrémité de la même tige fe viffe dans deux efpèces de bafcules, difpofées à angle droit, & attachées conjointement à une lame de cuivre, qui peut fe mouvoir en avant & en arrière, & dont l'étendue du mouvement eft bornée à une ligne d'efpace. Le mouvement de cette lame eft occafionné par la dilatation de la tige qui pouffe les bafcules. Pour le rendre plus fenfible, & pour s'appercevoir de la plus petite dilatation poffible, voici la méchanique ingénieufe que les Phyficiens ont imaginée.

Ils ont adapté vers le milieu de la lame un levier du premier genre, dont les bras font très - inégaux. Le plus petit, attaché fixement à cette lame,

participe

participe au mouvement qu'elle reçoit ;
& le mouvement se multiplie à l'extrémité de l'autre bras, à raison de son
excès de longueur, dont le rapport est
communément de 36 à un.

Un grand levier du premier genre
est pareillement fixé, par son plus petit
bras, à l'extrémité du premier, qui lui
communique toute l'étendue du mouvement qu'il reçoit ; celui-là le multiplie pareillement, à raison de l'excès
de longueur que l'artiste a su donner
à son plus grand bras. Ce rapport est
ordinairement comme celui de 60 à 1,
ce qui rend le mouvement 60 fois plus
grand qu'à l'extrémité du premier
levier où il étoit déjà 36 fois plus grand
que dans la lame, & conséquemment
dans la tige qui l'occasionnoit. Le mouvement de cette tige se trouve donc
2160 fois plus sensible à l'extrémité
du plus long bras du second levier :
cette extrémité conduit un rateau, qui
engraine dans un pignon surmonté
d'une aiguille qui se meut circulaire-

ment fur un cadran horizontal, placé
fur la platine fupérieure de la cage qui
contient tout l'appareil.

Si ce cadran eft exactement divifé
de lignes en lignes, chaque graduation
que l'aiguille parcourra, indiquera
une dilatation dans la tige qui n'ira qu'à
$\frac{1}{1165}$ de ligne ; & qui conféquemment
marquera, d'une manière fenfible, la
plus petite altération que la chaleur fera
capable d'occafionner dans cette tige.

La dilatation produite par le feu, eft
beaucoup plus prompte dans les fluides
que dans les folides, comme le prouve
l'expérience fuivante, rapportée par
Boerrhaave. Si on prend une phiole
remplie d'eau froide jufqu'à une hauteur
marquée, qu'on la plonge dans l'eau
bouillante, on voit la phiole fe dilater,
& la liqueur defcendre au-deffous de
la marque ; mais à mefure que l'eau
qui eft dans la phiole s'échauffe, elle
augmente de volume, & monte au-
deffus de l'endroit où elle fe trouvoit
avant l'immerfion. Cet effet eft encore

plus fenfible fi on fait l'expérience avec de l'efprit-de-vin ; c'eft même à raifon de la dilatabilité fingulière de cette liqueur, qu'on s'en fert pour conftruire les thermomètres.

L'air étant de tous les fluides connus le plus mobile, eft auffi le plus facile à fe dilater ; auffi les thermomètres à air font - ils tellement fenfibles, qu'ils ne reftent jamais en repos ; la moindre augmentation ou diminution de chaleur dans l'athmofphère fuffit pour produire la dilatation ou la condenfation de l'air contenu dans la boule du thermomètre.

Le feu peut naître du frottement de deux corps, & fon activité eft en raifon de la dureté des corps frottés, & de la rapidité du frottement qu'ils éprouvent.

On peut encore produire cet être, en raffemblant les rayons du foleil par le moyen d'une lentille de verre ; & lorfqu'il eft une fois mis en action, on l'entretient à l'aide des matières combuftibles.

La propriété que les corps ont de brûler, dépend de ce qu'ils contiennent tous une plus ou moins grande quantité d'un principe que les Chymistes ont nommé *phlogiftique* ou *principe inflammable*, & qui paroît n'être autre chofe que le feu lui-même qui perd fes propriétés en entrant dans la combinaifon des corps.

Lors donc que le feu actif eft appliqué à un corps qui contient du phlogiftique, ce corps fe dilate, fes pores s'ouvrent, le feu qui les pénètre va s'unir aux molécules de principe igné, qui fe trouvent ifolées & comme emprifonnées par les particules de matière environnante ; enforte que devenues plus fortes par leur union, elles brifent tous les obftacles qui s'oppofoient à leur action, enlèvent avec elles les parties qui peuvent céder à leur impulfion, & ne laiffent que la portion la plus fixe du corps dans un état de défunion & de décompofition parfaite. On voit par-là que plus le phlogiftique d'un

corps est lié avec ses autres principes,
plus la déflagration doit en être vive,
& plus elle doit procurer de chaleur.

Les substances qui contiennent une
grande quantité de matière inflammable, sont aussi celles que le feu altère
davantage ; il détruit toutes les parties, tant des plantes que des animaux,
& les met en cendres ; il enlève aux
matières métalliques leur éclat, & les
réduit à l'état d'une terre d'autant plus
inaltérable au feu , qu'elle a été plus
complettement dépouillée de phlogistique ; car tous les corps qui n'ont point
ce principe dans leur combinaison peuvent bien être pénétrés par le feu ; mais
d'une manière passagère & qui ne produit point sur eux d'altération.

On observe que les métaux acquièrent de la pesanteur par la calcination ;
mais on ignore encore la véritable raison de ce phénomène singulier.

Lorsque le phlogistique qui s'élève
des corps dans leur combustion, entraîne de l'eau avec lui , il en résulte

de la flamme; on le prouve par les charbons qui en fourniſſent tant qu'ils contiennent de l'humidité; & qui ceſſent
d'en produire auſſi-tôt qu'ils l'ont entièrement perdue, quoiqu'ils conſer-
vent encore beaucoup de phlogiſtique
& qu'ils continuent de brûler. Si on les
éteint lorſqu'ils ont ceſſé de donner
leur flamme, & qu'après les avoir expoſés dans un lieu humide on les allume
de nouveau, ils reproduiſent de la flamme, & peuvent, à l'aide de l'eau, en
fournir juſqu'à ce qu'ils ſoient entièrement conſumés.

La plupart des vapeurs inflammables
ne ſont preſque que de l'eau; l'eſprit-
de-vin qui en contient beaucoup, comme un de ſes principes, ne ceſſe de
donner de la flamme juſqu'à ce qu'il
ſoit totalement brûlé.

Les matières métalliques, au contraire, dont le phlogiſtique eſt dans un
grand état de ſiccité, brûlent preſque
ſans s'enflammer; mais ſi on ajoute à
leur phlogiſtique la quantité d'eau qui

lui manque, il eſt en état de produire de la flamme. Qu'on prenne, par exemple, une certaine quantité de limaille de fer, qu'on la mette dans un matras, & qu'on verſe par-deſſus un peu d'acide vitriolique étendu d'eau, le fer ſe diſſout, & il s'élève de la diſſolution des vapeurs qui s'enflamment à l'approche d'une bougie allumée. Ces vapeurs ne ſont que de l'eau qui charie une portion du phlogiſtique du fer, & ſe diſſipent avec lui.

Quelques Chymiſtes penſent que le phlogiſtique eſt différent de la matière du feu; ils appuyent leur ſentiment ſur ce que le feu ne peut pas faire ce que fait le phlogiſtique. Le nitre, diſent-ils, expoſé dans un creuſet à l'action d'un feu violent, ne détonne point, tandis que s'il vient à toucher un charbon embraſé, ſur-le-champ il s'enflamme & ſe décompoſe.

De même un métal expoſé au feu, ſe calcine, & ſa chaux finit par ſe fondre en verre; mais ſi on mêle à cette chaux, une certaine quantité de matière abondante en phlogiftique, comme de la poudre de charbon, du fuif, ou quelqu'autre corps, & qu'on l'expofe au feu dans un creufet, le phlogiftique des matières combuftibles que le feu diffipe, fe combine avec la chaux métallique & la réduit en métal.

On peut répondre à leurs objections de la manière fuivante : le nitre ne détonne pas lorfqu'il eft feul dans un creufet ; mais il finit par s'alkalifer de même qu'après fa détonation ; enforte que la décompofition étant la même, la feule différence qui s'y trouve, naît de la promptitude, ou de la lenteur avec laquelle elle s'opère ; or, dans le premier cas, c'eft-à-dire, lorfque le nitre chauffe dans un creufet, le feu le pénètre d'une manière lente, & n'enlève fon acide que par petite portion, tandis que dans le fecond, le charbon embrafé qui touche ce nitre, allume à la fois une certaine quantité de fon acide,

& donne lieu à une combuſtion plus prompte.

A l'égard de la réduction des chaux métalliques, il eſt conſtant qu'elle ne peut s'opérer par le ſeul ſecours du feu dans un creuſet ; mais comme on ne peut point encore aſſurer que le phlo-giſtique ſoit le ſeul principe que la cal-cination enlève aux métaux, on n'eſt pas plus certain qu'ils ne reprennent que lui dans leur réduction.

De tout ce qu'on vient de dire, il eſt facile de conclure : premièrement, que le feu ſe trouve dans deux états différens, libre & jouiſſant de toutes ſes propriétés, ou combiné comme principe, & formant le phlogiſtique dans preſque tous les corps de la na-ture. 2.° Que ce phlogiſtique peut être dégagé des corps qui le contiennent, toutes les fois que le feu en action s'unit à lui, & lui donne le pouvoir de rompre les obſtacles qui s'oppoſent à ſon expanſion. 3.° Que le phlogiſtique qui charie de l'eau en brûlant, forme la flamme. 4.° Que les corps auxquels on enlève le phlogiſtique, perdent avec lui leurs autres principes volatils & leur liaiſon. 5.° Que les corps complette-ment déphlogiſtiqués, ne peuvent plus être aucunement altérés par le feu. 6.° Enfin, que le phlogiſtique peut ſe combiner de nouveau avec les terres métalliques qui en ont été privées, & leur rendre toutes les propriétés qu'elles avoient avant la calcination.

De l'Air.

L'air eſt un fluide peſant, élaſtique & compreſſible ; il forme un athmoſ-phère autour de notre globe ; ſa pré-fence ſe manifeſte : 1.° par la réſiſtance qu'il oppoſe au mouvement, & qui, pour parler le langage des Phyſiciens, croît en raiſon doublée de la vîteſſe des corps mus : 2.° Par le vent, qui n'eſt autre choſe que l'agitation de l'air, produite par des portions de ſa maſſe, qui ſe déplacent journellement dans la pro-duction & la deſtruction de tous les êtres ; ou, comme le penſe M. de Buffon, par la gravitation de la lune ſur notre globe, qui peut communiquer à l'athmoſphère le mouvement de flux & de reflux qu'elle imprime aux eaux de l'Océan.

La première propriété de l'air eſt la fluidité, qu'il ne doit peut-être qu'au feu qui le pénètre, & qui eſt telle qu'on n'a jamais pu lui faire perdre. Quoique les parties de cet élément ſoient très-mobiles, il ne pénètre cependant pas certains corps que l'eau & les huiles pénètrent avec la plus grande facilité, comme le papier, le cuir, &c.

La peſanteur de l'air eſt comme celle des autres fluides, en raiſon compoſée de ſa hauteur & de l'étendue de ſa baſe ; auſſi eſt-il plus peſant dans les lieux bas, où il eſt d'ailleurs chargé d'une quantité de vapeurs hétérogènes, qui en altèrent la pureté. Torricelli, qui le premier a découvert la peſanteur de ce fluide, a vu que dans un temps calme, il pouvoit tenir en équilibre une colonne de mercure de 28 pouces de hauteur, ce qui fait que le poids de l'air eſt à celui de l'eau, à-peu-près comme 1 à 850.

On peut par la compreſſion réduire l'air à un cent vingt-huitième du volume qu'il occupoit auparavant, & il n'en a que plus de force à ſe remettre dans ſon premier état, dès que la compreſ-ſion ceſſe. Cette ſeconde propriété ſe nomme *élaſticité*; l'air ne peut jamais la perdre par la compreſſion, quelque temps qu'elle puiſſe durer, comme il réſulte de l'expérience de Meſſieurs Boyle & Mariotte, qui gardèrent, pendant pluſieurs années, de l'air dans la croſſe d'un fuſil à vent, ſans qu'il eût rien perdu de ſon élaſticité. C'eſt à l'é-laſticité qu'eſt dûe la propriété que la plus petite maſſe d'air a de tenir en équi-libre tout le poids de l'athmoſphère.

L'air hâte conſidérablement la défla-gration des corps combuſtibles; on croyoit même qu'il y étoit indiſpenſable-ment néceſſaire; mais M. d'Arcet, dans les favantes recherches qu'il a faites fur plu-fieurs matières minérales, s'eft affuré que la plupart des fubftances métalliques & demi-métalliques, pouvoient être rédui-tes en chaux & fondues en verre, quoi-qu'exactement renfermées dans des boules de porcelaine, & n'ayant pas le moindre contact avec l'air : peut-être de femblables expériences réuffiroient-elles fur d'autres fubftances.

L'air qui nous environne n'eft jamais bien pur ; il contient toujours une plus ou moins grande quantité d'eau & de vapeurs de toute nature, que le foleil & les feux fouterrains élèvent dans l'athmofphère ; lorfque ces vapeurs font très - abondantes , elles augmentent confidérablement la pefanteur de l'air, & détruifent fon élafticité.

L'air entre dans la compofition de prefque tous les corps de la nature : les hommes & la plupart des animaux y vivent ; il eft fi néceffaire à la végéta-tion, que les plantes , même celles qui croiffent fous l'eau , périffent dans

le vuide : il entre dans la combinaison
de presque tous les minéraux ; cependant il n'est pas prouvé que les métaux
en contiennent.

L'air qui est renfermé dans les corps
s'y trouve réduit en particules très-
fines, & dans un état de combinaison,
privé de toutes ses propriétés, comme
le feu dans l'état de phlogistique ; on
le retire abondamment de la distillation
de plusieurs corps, & à mesure qu'il
s'en dégage, il reprend toutes ses propriétés d'air élastique. Feu M. Rouelle
a perfectionné un appareil inventé par
M. Hales, pour mesurer la quantité
d'air que fournit un corps dans son analyse : cet appareil consiste en un récipient qui a deux cols, formant sur le
corps du récipient un angle d'environ
45 degrés ; l'un de ces cols est plus
court & plus large ; l'autre plus long
& plus étroit : le récipient est renfermé
dans un chassis quarré qui repose dans
le fond d'un seau, & soutient sur ses
quatre piliers une cloche de verre, pa-

reille à celle dont on couvre les ma-
chines pneumatiques. Cette cloche est
percée d'un petit trou à son sommet ;
après avoir placé dans son fourneau
une cornue pleine de la matière à analyser, on la lutte au col court du récipient ; on emplit le seau d'eau, &
en vuidant avec la bouche l'air contenu sous la cloche , on fait monter
l'eau jusqu'à une hauteur marquée : on
distille ; & à mesure que l'air se dégage ,
il sort par le tuyau long du récipient ,
& passe dans la cloche ; il comprime
l'eau & la fait descendre fort au-dessous
de l'endroit où elle montoit avant l'o-
pération. Lorsque les vaisseaux sont refroidis, & que l'air, dégagé par la distillation, s'est condensé, on en mesure
la quantité par l'espace qui se trouve
entre l'endroit où montoit l'eau avant
l'opération , & sa hauteur actuelle.

De l'Eau.

L'eau se trouve solide & sous la forme
de glace, ou sous celle d'un fluide trans-

parent, fans couleur, ainfi que fans
odeur. Quoique ce dernier état de l'eau
foit le plus ordinaire, il n'eft cependant
pas le plus naturel ; car la fluidité n'appartient qu'aux particules de feu qui
pénètrent l'eau, & dont elle peut fe
charger jufqu'au point de bouillir, après
quoi elle n'en prend plus. Comme ce
feu n'eft qu'interpofé entre les parties
de l'eau, & qu'il n'y eft pas combiné,
elle peut le perdre par un entier refroidiffement, & fe trouve après la même
qu'elle étoit avant d'avoir été chauffée.
Farenheit a obfervé que la même eau
bouillante, n'avoit pas le même degré
de chaleur en tout temps, & qu'il fal-
loit avoir égard au poids de l'air qui
la comprime, parceque l'eau eft plus
ou moins chaude à raifon de fa denfité ;
d'où il conclut qu'on pourroit connoître l'état de l'athmofphère, en plongeant dans l'eau bouillante un thermomètre très-fenfible, qui feroit dans
ce cas fonction de baromètre.

Lorfque l'eau fe gele, elle ne perd pas

pour

pour cela tout le feu qu'elle contenoit ; car il eſt poſſible d'augmenter conſidérablement le froid de la glace ; & on ne ſait pas même juſqu'où il peut être porté.

L'eau eſt incompreſſible , comme le prouvent les expériences de l'Académie *del Cimento.*

Pluſieurs Savans ont été long-temps dans l'opinion, que l'eau étoit compoſée de terre , & pouvoit même ſe changer entièrement en cette ſubſtance : Boerrhaave, & d'autres très-bons Chymiſtes ont douté de la vérité de ce fait : enfin, M. Lavoiſier a communiqué l'année dernière à l'Académie Royale des Sciences, les expériences qu'il avoit faites à ce ſujet. Ce Chymiſte prit un pélican de cryſtal, fermé d'un bouchon de pareille matière ; il le peſa exactement & y mit une certaine quantité d'eau déjà purifiée par pluſieurs diſtillations ; après avoir lutté exactement l'ouverture de ſon pélican, il continua de diſtiller pendant cent & un jours ; les

gouttes qui s'élevoient, retombant per-
pétuellement par les becs du pélican
dans la cucurbite : au bout de ce temps,
M. Lavoisier ayant apperçu une certaine quantité de floccons terreux, exa-
mina son expérience avec une attention scrupuleuse ; il trouva que le vais-
feau & l'eau qu'il contenoit, avoient le
même poids qu'avant qu'ils fussent mis
en expérience ; mais l'eau en ayant été
retirée, & le pélican pesé séparément,
son poids se trouva diminué de quelques grains : l'eau qui avoit été soumise
à cette longue digestion, ayant été distillée, laissa un résidu terreux qui équi-
valoit à peu près à la portion que le
pélican avoit perdue ; ce qui prouve,
comme le dit M. Lavoisier, que cette
terre n'étoit pas celle de l'eau, mais
celle que ce fluide avoit dissoute du vais-
feau qui avoit servi à le contenir pendant la durée de l'opération.

L'eau étant susceptible d'être volati-
lisée par la chaleur du soleil, s'élève en
vapeurs dans l'athmosphère & produit

tous les météores aqueux. Premièrement, les brouillards & les rofées,
lorfque ne s'élevant qu'à peu de hauteur, elle fe raffemble en petites gouttes
qui retombent lentement fur la terre.
Secondement, les nuages, quand ces
particules d'eau fe réuniffant en groffes
maffes, font affez élevées pour pouvoir être foutenues en l'air. Troifième-
ment, les pluies formées par l'eau de
ces nuages qui tombent en gouttes d'autant plus groffes qu'elles tombent de
plus haut, & qu'elles fe réuniffent en
plus grand nombre dans leur chûte.
Quatrièmement enfin, la neige qui n'eft
que le brouillard ou la petite pluie gelée, & la grêle qui eft produite par des
gouttes d'eau plus confidérables.

Les nuages que le vent pouffe vers
le fommet des hautes montagnes, s'y
condenfent & coulent en ruiffeaux qui
fillonnent leur lit dans les terreins les
plus tendres, & vont enfin former les
rivières & les fleuves qui fe jettent à
l a mer.

Toutes les eaux de la terre font ou douces, ou falées, ou minérales. Les mers font pleines de fel, & les fleuves ne contiennent que de l'eau douce, parceque ces eaux font de véritables eaux diftillées. Les brouillards qui s'élèvent des mers n'entraînent avec eux aucunes parties falines qui font de nature fixe ; or, ce font ces brouillards qui forment les nuages ; & les nuages donnent naiffance aux rivières ; enforte qu'on peut comparer l'Univers à un grand alambic, dont les mers font la cucurbite, les montagnes le chapiteau, & les fleuves le récipient.

A l'égard des eaux minérales, ce font des fources particulières qui ont diffous quelques matières falines & métalliques qu'elles ont trouvées dans leur chemin. Comme toutes les eaux n'ont pas le même degré de pureté, elles n'ont pas non plus la même pefanteur ; on a imaginé pour les évaluer des inftrumens connus fous le nom d'*aréomètres*. Cet inftrument fut imaginé

par une femme célèbre dans les mathématiques; mais il fortit alors bien imparfait de fes mains : ce n'étoit autre
chofe qu'un tube de verre terminé par
une boule foufflée, dans laquelle on
introduifoit une quantité donnée de
mercure, pour faire enfoncer l'inftrument dans l'eau & l'y tenir perpendi-
culairement.

On jugeoit des pefanteurs fpécifiques
de différentes eaux, par le plus grand
ou le plus petit nombre de degrés d'en-
foncement de cet inftrument : l'eau
étoit-elle plus légère, il s'enfonçoit davantage ; plus pefante, il s'enfonçoit
moins.

Cet inftrument, tout imparfait qu'il
étoit, fut fort accueilli dans fon origine, & ce ne fut que plufieurs fiècles
après, qu'on réfléchit plus particulièrement fur fa conftruction, & qu'on
fe propofa de le perfectionner.

Le principal défaut qu'on y trouvoit,
fut l'impoffibilité de juger exactement
des différences dans les pefanteurs fpé-

cifiques des liqueurs, & de pouvoir comparer ses observations avec celles qui auroient été faites à l'aide d'un instrument d'une autre espèce.

Ce fut ce qui engagea, dans le siècle dernier, le célèbre M. Homberg, à renoncer à cette méthode, & à imaginer un instrument qui lui parut plus propre à remplir ses vues.

Il prit un petit vaisseau de crystal, auquel il fit adapter un tube communiquant : il remplissoit ce vaisseau jusqu'à une hauteur indiquée sur ce dernier tube ; & étant sûr alors d'avoir le même volume de liqueur, il jugeoit de sa pesanteur spécifique à l'aide d'une balance très-sensible.

Cette méthode, quelque exacte qu'elle paroisse, n'est cependant pas préférable à la précédente, en supposant qu'on pût remédier à son imperfection ; & c'est à quoi plusieurs bons Physiciens se sont appliqués.

Il paroît même qu'on étoit parvenu jusqu'à un certain point, du temps de

M. Muſſchenbroeck, à ce dégré de perfection qu'on deſiroit dans cet inſtrument.

M. Ratz de Lanthenée eſt ſans contredit un de ceux qui ſe ſont le plus
diſtingués dans cette carrière, & qui
prit le meilleur moyen de réuſſir, en
ſe ſervant de poids pour graduer ſon
inſtrument. Ces poids qu'il pouvoit
évaluer aiſément, & dont il chargeoit
la queue de l'aréomètre, mettoient des
différences graduées dans les degrés
de ſon immerſion, & équivaloient certainement à de ſemblables degrés de
diminution dans la peſanteur ſpécifique de la liqueur dont il faiſoit uſage
pour faire cette expérience.

M. Baumé mérite encore notre re-
connoiſſance pour la méthode ingé-
nieuſe qu'il imagina il y a quelques années, afin de rendre ces inſtrumens
fixes & comparables les uns aux autres.
Il trouva moyen d'augmenter progreſ-
ſivement la denſité de l'eau, en lui
donnant à diſſoudre une quantité dé-

terminée de fel ; & ce fut d'après les accroiffemens dans la denfité du liquide, qu'il conftruifit l'échelle de fon inftrument. Nous nous arrêterons un inftant fur cette méthode qui mérite bien d'être connue.

Son pefe-liqueur, qui ne diffère en rien dans fa conftruction des pefe-liqueurs ordinaires, étant placé dans l'eau pure, doit être lefté, de façon qu'il s'y enfonce jufqu'au haut de fa tige où M. Baumé marque zéro, pour continuer fa graduation.

Pour avoir le fecond terme, dit cet ingénieux Artifte, on prépare une eau falée, en faifant diffoudre quinze livres de fel marin dans quatre - vingt-cinq livres d'eau pure, ce qui forme cent livres de liquide ; on plonge alors l'inftrument dans cette liqueur, & on marque 15 degrés à l'endroit où il fe fixe ; on divife enfuite l'efpace compris depuis zéro jufqu'à cette graduation en quinze parties égales, qui indiquent chacune le nombre de livres

de

de fel contenues dans la liqueur; &
conféquemment cet inftrument devient
propre à mefurer la richeffe d'une faumure, à quelque point de faturation
qu'elle foit portée, puifqu'on peut &
qu'on doit continuer la graduation en
defcendant , & fe fervant toujours
des mêmes degrés indiqués par la feconde immerfion.

L'échelle de M. Baumé defcend jufqu'à 40 degrés, ce qui eft plus que
fuffifant, puifqu'il n'eft guère poffible
de trouver une faumure, dont le rapport du fel au liquide qui le contient,
foit de 40 à 60. Le même Artifte porta
auffi fes vues dans le même temps fur
la perfection des aréomètres pour les
liqueurs fpiritueufes; il fuivit le même
procédé, qu'il modifia relativement à
fes vues.

Il prit un pefe-liqueur femblable au
précédent, qu'il lefta de mercure, au
point qu'il pût s'enfoncer de quelques
lignes au-deffus de fa boule, dans une li-

queur faite de 90 onces d'eau, & de 10
onces de fel; ce fut à cet endroit qu'il
plaça le zéro de la graduation : il le plon-
gea enfuite dans de l'eau diftillée, dans
laquelle il s'enfonça davantage, & il
y marqua dix degrés. Il divifa l'efpace
compris entre ces deux termes, en dix
parties égales, & il continua fa divifion en montant jufqu'à cinquante degrés, nombre plus que fuffifant pour
l'objet qu'il fe propofoit, puifqu'on
ne trouve point d'efprit-de-vin qui
puiffe faire arriver l'aréomètre à ce
terme.

On conçoit aifément que les degrés
de ce dernier inftrument, ont un ufage
inverfe de ceux du précédent aréomètre ; ce dernier annonce une eau d'autant plus riche en fel, qu'il s'enfonce
moins dans cette eau ; l'autre au contraire, annonce une liqueur d'autant
plus fpiritueufe, qu'il s'y enfonce davantage. Nous n'avons point à nous
plaindre de l'exactitude de cette mé-

thode, mais seulement de sa difficulté. Quelles précautions, en effet, ne faut-il pas prendre pour y mettre toute l'exactitude qu'elle exige, soit par rapport à la pureté du sel qu'on doit employer, soit par rapport à la température de l'eau qu'on doit nécessairement conserver la même pendant toute l'opération, ce qui n'est certainement pas aisé.

Nous observerons encore ici, qu'il seroit à desirer pour la perfection de ces instrumens, que l'échelle ne fût pas placée dans l'intérieur du tube : les réfractions que la lumière éprouve, peuvent souvent occasionner quelques erreurs dans des degrés aussi petits.

Il seroit encore à desirer que ces degrés fussent plus étendus & séparés de l'instrument; degré de perfection qui se trouve dans l'instrument de M. de Parcieux. Ce célèbre Physicien voulant comparer exactement les pesanteurs ſpécifiques de différentes eaux, ſe ſervit du procédé ſuivant.

Il fit un peſe-liqueur extrêmement volumineux; c'étoit une eſpèce de cylindre de fer-blanc, leſté d'une quantité ſuffiſante de plomb, & ſurmonté d'une tige de métal de 4 pieds de hauteur. La groſſeur de ſon cylindre, ainſi que celle de la tige, étant bien proportionnée, il vit que la moindre différence dans la denſité du liquide , occaſionnoit un mouvement fort étendu dans le plongeur, qu'il mettoit dans un autre cylindre de 4 pieds de profondeur, & qu'il empliſſoit du liquide dont il vouloit examiner la peſanteur ſpécifique. L'échelle de cet inſtrument étoit placée ſur une règle qui excédoit la hauteur de ce dernier cylindre. Le zéro de la graduation répondoit à la ſurface de l'eau : or, la ſenſibilité de cet inſtrument étoit telle, que le plongeur mis dans l'eau de puits, ſon immerſion répondoit à zéro ; & placé en-

fuite dans l'eau de la Seine, il defcen-
doit de 19 pouces plus bas. L'inftrument
de M. de Parcieux réuniffoit donc deux
avantages effentiels, une grande fenfibilité, & une échelle détachée de la
queue de l'inftrument. Il étoit fi fenfible en effet, que quelques grains de
fel, jettés dans l'eau, fuffifoient pour
faire monter le plongeur de plufieurs
pouces.

Le feul défaut qu'on pût lui repro-
cher, étoit un vice de conftruction,
dont l'auteur convient lui - même, &
auquel on a remédié aifément, en fubf-
tituant un plongeur & un vafe de cryftal
aux vaiffeaux de fer-blanc qui pouvoient
s'altérer dans l'eau. Nous en avons un
de cette efpèce, qui jouit de cette extrême fenfibilité que nous admirons
dans celui de M. de Parcieux, & qui eft
gradué felon la méthode de M. de
Lanthenée: il a été conftruit par les
foins de M. de la Fond, Profeffeur de
Phyfique expérimentale, dont on con-

noît l'exactitude, & qui a su profiter de ces deux méthodes, pour donner à cet inftrument le degré de perfection qui lui manquoit jufqu'à ce jour.

L'eau entre comme principe dans prefque tous les corps : les animaux & les plantes en contiennent abondamment : on la retire de tous les fels, des bitumes & du foufre ; elle exifte dans tous les cryftaux & les pierres les plus dures ; & quoiqu'on n'en puiffe retirer des matières métalliques, il paroît cependant qu'elles en contiennent ; car toutes donnent de la flamme lorfqu'on les fait chauffer jufqu'à l'incaudefcence. Le zinc notamment en donne une très-vive, & on fait que la flamme ne fe produit que lorfque le phlogiftique charie avec lui une portion d'humidité.

De la Terre.

La terre eft le principe le plus fixe des corps ; celui qu'ils laiffent tous après

leur analyse. C'eſt une ſubſtance séche,
friable, qui ne ſe diſſout point à l'eau,
& qui, pour avoir les qualités de l'é-
lément térreux par excellence, doit être
inaltérable au feu. Mais il y a bien peu
de terres de cette ſorte ; preſque toutes
ſont unies à des matières ſalines ou
phlogiſtiques ; elles peuvent alors ſe
changer en verre par l'action du feu.
Les ſubſtances, qui juſqu'à préſent paroiſſent avoir, dans le degré le plus
éminent, les qualités de l'élément terreux, ſont toutes celles que les Naturaliſtes ont nommées terres ou pierres
vitrifiables ; c'eſt cette terre que Becher
a connue, & qu'il a déſignée ſous le
même nom de terre vitrifiable. Celle
que ce Chymiſte appelle terre inflammable ou phlogiſtique, n'eſt que le feu
lui-même. A l'égard de la troiſième eſpèce qu'il indique ſous le nom de terre
mercurielle, & qu'il dit exiſter dans
l'acide marin & les matières métalliques, & à laquelle il attribue pluſieurs

phénomènes singuliers, dont on ignore la cause, on convient généralement que ce principe n'est que soupçonné, sans être bien connu.

INTRODUCTION

A L'ÉTUDE

DES CORPS NATURELS,

TIRÉS

DU RÈGNE MINÉRAL.

LES minéraux forment la maſſe du globe terreſtre ; ils ne ſont ſuſceptibles ni de ſentiment, ni de mouvement ; ils ne s'accroiſſent par le moyen d'aucuns organes intérieurs, mais par la *juxta-poſition* de particules homogènes : ils ne ſe reproduiſent point, & ſervent à la nourriture des plantes.

Avant de paſſer à l'examen détaillé des différens corps que renferme le règne minéral, il faut conſidérer un moment la ſurface de la terre, & voir, avec l'illuftre M. de Buffon, quels font les grands changemens qu'elle a éprouvés. Plufieurs agens peuvent altérer confidérablement le globe terreftre.

Les eaux de la mer, agitées d'un mouvement de flux & de reflux, détachent continuellement de fes bords des portions de terre qui fe trouvent emportées par les vagues, jufqu'à de certaines diftances, où fe précipitant, en vertu de leur pefanteur, fous la forme de fédiment, elles forment une première couche horizontale ou élevée, fuivant la pofition du terrein fur lequel elles fe dépofent. Plufieurs couches venant à s'affeoir, de la même manière, les unes fur les autres, il fe forme, dans le fond de la mer, des élévations compofées de couches remplies des corps marins qui ont été enfevelis dans ces dépôts terreux.

Ces éminences du fond de la mer forment, comme le dit M. de Buffon, une longue fuite de collines, difpofées comme les ondes qui les ont produites;

& lorſque, parvenues à une certaine hauteur, elles forment obſtacle au mouvement général de la mer, il ſe forme des courans particuliers qui ſillonnent des vallons entre ces montagnes.

Tous les Naturaliſtes conviennent aſſez généralement que la mer découvre tous les jours de nouveaux terreins, & qu'elle en recouvre une infinité d'autres. Le Pas de Calais paroît avoir été formé par une irruption de l'Océan. La Hollande n'eſt défendue que par des digues, & elle eſt toujours à la veille d'être ſubmergée. Mais ce dont on ne convient pas également, c'eſt que les hautes montagnes ſoient formées de la même manière. Pluſieurs Savans diſtinguent ce qu'ils appellent ancien & nouveau Monde. On ne trouve point dans l'ancien Monde ces couches régulières dont le nouveau eſt entièrement formé. Comme toutes ces couches ont été molles dans leur principe, elles s'affaiſſent peu-à-peu, & prennent une retraite plus ou moins confidérable ; cette retraite produit des fentes perpendiculaires, dans lefquelles l'eau charie la matière des cryftaux & des ftalactites.

Les eaux du ciel produifent encore des altérations très-fenfibles ; elles détachent de deffus les hauteurs les portions de terre les plus friables, & les entraînant dans les fonds, elles taillent les montagnes à pic, & rempliffent les vallées.

Les vents confidérables qui fe font fentir en différens pays, comme en Arabie, élèvent des montagnes de fable dont ils couvrent les plaines à des diftances de plufieurs lieues ; ils déracinent les arbres, enlèvent les animaux, & font remonter les rivières.

Les tremblemens de terre produifent encore de grandes altérations dans notre globe. M. de Buffon foupçonne que c'eft à l'affaiffement de cavernes confidérables qu'on doit la formation de l'Océan Atlantique, les ouvertures du Caucafe, des Cordillières & de l'Hellefpont.

Le feu, qui s'allume dans les entrailles de la terre & qui produit les volcans, change singulièrement la surface des pays où ils se trouvent ; il couvre le terrein de cendres & de matières brûlées, qui ne conservent plus aucun des caractères qu'elles avoient auparavant. Il forme des montagnes, souvent même dans une seule éruption. Milord Hammilton, ministre d'Angleterre à Naples, a fait part à la Société Royale de Londres d'excellentes observations sur les volcans, dans lesquelles il prouve que le *Monte-Nuovo*, qui est aux environs de Naples, a été formé d'une seule éruption du Vésuve.

Toutes les matières minérales se trouvent en masses énormes dans les montagnes anciennes ; elles sont disposées par couches horizontales dans les terres nouvelles ; souvent elles n'ont aucune forme ; quelquefois elles en affectent une très-régulière, comme on peut le voir par l'énumération suivante,

CLASSE PREMIÈRE.

TERRES. *TERRÆ.*

LES terres font des fubftances foffiles, qui n'ont ni faveur, ni odeur fenfible; elles font en général sèches; leurs parties ne font point liées, ou n'ont entre elles qu'une adhérence foible, & qui permet de les réduire en poudre entre les doigts : elles forment les pierres en fe durciffant. On les range fous quatre Sections.

SECTION PREMIERE.

Terres vitreufes. Sables. *Terræ vitreæ. Arenæ.*

LES fables font compofés de grains défunis, fecs & durs ; ils ne fe laiffent entamer, ni par le feu, ni par aucun menftrue. Les Minéralogiftes les ont nommés *terres vitrifiables*, parcequ'on les emploie communément dans la fabrique du verre. M. d'Arcet, dans les nouvelles recherches qu'il vient de faire fur quantité de matières minérales, s'eft affuré que ce nom ne leur convient pas, parcequ'elles ne fondent point par elles-mêmes, & que leur fufibilité eft toujours dûe au fondant qu'on leur ajoute. Le nom de terres vitreufes paroît s'accorder mieux avec la dureté, l'indeftructibilité & la tranfparence de chacun des grains qui les compofent ; leur infufibilité, qui feule les diftingue du verre, ne prouve rien autre chofe, finon que leur denfité ne permet point au feu de les pénétrer affez pour les rendre fluides ; que c'eft un verre fait par la nature, infiniment fupérieur à tout ce que l'art peut produire de plus parfait en ce genre. On rencontre dans les fables une infinité de variétés pour les couleurs & pour les formes : tous n'ont pas, à beaucoup près, le même degré de pureté : les uns ne font formés que de parties terreufes & pierreufes :

les autres contiennent une quantité plus ou moins grande de matières métalliques.

GENRE PREMIER.

Sables purs ou pierreux. *Arenæ.*

Les fables purs font compofés de petites parties vitreufes, fouvent fans mêlange ; quelquefois auffi on y trouve de petites portions de pierres calcaires de mica ou d'argille qui les colorent, & leur ôtent quelques-unes des propriétés affignées aux fables bien purs.

ESPECE PREMIERE.

Sablon blanc, fablon quartzeux. *Arena quartzofa, particulis rotundis vel angulatis.* WALL. *Arena heterogenea, inæqualis, fubrotundata.* LINN.

Les grains de ce fablon font, ou parfaitement ronds ou anguleux : les uns font affez gros ; tel eft celui qu'on connoît à Paris fous le nom de fablon d'Etampes :

d'Etampes : les autres font beaucoup plus fins ; on les nomme alors fable en pouffière & fablon mouvant : ce dernier ne diffère du précédent que par la petiteffe de fes grains que le vent peut enlever facilement. On les trouve à la campagne, dans les traces de ces petits ruiffeaux que forme la pluie ; ils font tantôt blancs & tantôt gris : ils doivent cette couleur à quelques portions de terre étrangère.

ESPECE. II.

Sablon jaune, fable des Fondeurs. *Glarea flerilis, fuforia.* WALL.

Ce fablon eft d'une couleur jaune plus ou moins foncée ; il paroît contenir un peu d'argille ferrugineufe, qui le colore & le fait fondre plus facilement.

ESPECE III.

Gravier. *Arena particulis groffioribus, inæqualibus.* WALL. *Arena heterogenea difformis, angulata.* LINN.

Le gravier eft formé de grains de

nature & de groffeur très-différentes : quelquefois ils font vitreux & arrondis comme des perles ; fouvent ils font anguleux & mêlés de pierre à chaux & de paillettes de mica diverfement colorées. Les Auteurs ont appellé, affez ridiculement, gravier mâle, celui dont les grains font plus gros, & gravier femelle, celui dont les grains font plus petits. Le gravier fe fond en verre fans addition. On le trouve en beaucoup d'endroits dans le fein de la terre, au bas des montagnes, & dans le lit des rivières, avec les cailloux qui ont été roulés par les eaux.

G E N R E II.

Sables métalliques. *Arenæ metallicæ.*

Les fables métalliques font tous très-colorés ; on y rencontre des parcelles de métal, mêlées aux grains de terre vitreufe : on peut les fondre tous fans addition ; mais le verre qu'on en ob-

tient eſt toujours teint : on peut auſſi en
retirer le métal en les traitant avec des
fondans convenables , ſur-tout lorſqu'ils ſont riches.

On les trouve en pouſſière ou en
maſſes très-friables.

E S P E C E I.

Sable d'étain. *Arena ſtannea.* WALL.

Le ſable d'étain eſt d'une couleur rouge, tirant ſur le violet; il fournit un verre
laiteux ; on peut en ſéparer l'etain, en
le fondant avec des matières graſſes ,
après l'avoir grillé.

E S P E C E II.

Sable ferrugineux. *Arena ferrea.* WALL.
Arena ferri atra. LINN.

Le ſable qui contient du fer eſt, ou
noir, ou d'une couleur de rouille plus
ou moins foncée : ce dernier eſt plus
pauvre que le premier, qui eſt attirable
à l'aiman. Le verre qu'on retire de
ce ſable eſt différemment coloré, en

verd, en brun, en noir, suivant la proportion du fer qui s'y trouve, & l'exactitude de la fusion.

ESPECE III.

Sable cuivreux. *Arena cuprifera.* BOM.

M. Valmont de Bomare, dans sa *Minéralogie*, dit qu'on trouve à Saint-Domingue un sable de couleur verte, jaunâtre & bleuâtre qui contient des particules de cuivre & un peu de fer.

ESPECE IV.

Sables aurifères. *Arena aurea.* WALL. *Arena auri difformis.* LINN.

On trouve l'or mêlé au sable dans plusieurs fleuves & rivières ; tels que le Rhin, le Rhône, le Doux, le Gardon, la Garonne, le Salat & l'Ariège, qui en a tiré son nom. On lit dans les *Mémoires de l'Académie des Sciences*, année 1761, que le sable d'or que roule l'Ariège est commun dans tout le terrein qui avoisine cette rivière ;

qu'on le trouve dans plufieurs endroits du Languedoc & au pays de Foix ; que la ville de Pamiers eft bâtie fur une femblable terre aurifère , compofée de grains rougeâtres & d'autres plus blancs, qui paroiffent formés du débris de cailloux & de pierres quartzeufes, qui fervent de gaugue à la mine d'or.

A l'égard des fables décrits fous le nom de fable ftérile, ce font ceux qui ne contiennent point de fubftances étrangères qui puiffent en faciliter la fufion.

Ufages des Sables.

Le gravier eft employé pour fabler les jardins, les caves, les fontaines ; on le mêle avec la chaux éteinte pour en faire le mortier. Le fablon quartzeux fert de bain en Chymie. On fait avec le fablon fin des horloges horaires. Le fablon jaune ou argilleux eft d'ufage chez les Fondeurs pour former leurs moules : il eft d'autant plus propre à ces fortes d'ouvrages, qu'il peut prendre une certaine liaifon à l'aide des portions d'argille qu'il contient ; fon grain étant d'ailleurs affez égal , les pièces de fonte qu'on y coule n'en fortent point rayées

Le principal ufage des fables eft leur emploi dans la verrerie : toutes les efpèces de ce genre , même celles qui font le moins fufibles, peuvent le devenir par l'addition de certaines matières, nommées *fondans* par les ouvriers : telles font les terres calcaires & argilleufes, les fels alkalis , le borax, le fel fédatif, le nitre , les fels féléniteux , l'arfenic, toutes les chaux métalliques, & fur-tout celles de plomb. Ces fubftances, moins compactes que le fable avec lequel on les mêle , fe laiffent facilement pénétrer par la chaleur ; elles fe dilatent, fe liquefient , & forment un bain de feu autour de chaque grain, qui fe trouve attaqué féparément, & fondu avec beaucoup plus d'efficacité que ne l'eût pu faire le feu le plus violent appliqué à une maffe plus confidérable.

La dose de chacun des fondans se règle sur leurs différens degrés de fusibilité, & sur la nature des sables qu'on veut traiter ; il faut plus de terre que de sel, moins d'arsenic ou de chaux de plomb que des autres chaux métalliques, pour qu'il en résulte une masse qui unisse à la plus grande solidité une transparence parfaite, qualités nécessaires pour constituer un beau verre ; que le feu ne produit pas, mais dégage seulement de chaque grain de sable, qu'on doit regarder comme un globule de verre, & qu'il réunit en une masse par la fonte, comme des grains de plomb qu'on rassembleroit en un culot par le même moyen.

Tout ce qui se fabrique dans lesdi - verses manufactures n'a pas, à-beaucoup-près, le même degré de perfection, & ces différences tiennent autant aux matières qu'on y emploie qu'à la durée de la fusion, dont l'effet est de séparer les parties étrangères, qui, étant beaucoup moins denses que le verre, viennent nager à fa furface, en une maffe moins fluide & moins tranf-parente, qu'on enlève & qu'on con-noît fous les noms de laitier, de fiel & de fel de verre. Si le fable & les fondans qu'on a choifis font très-purs, comme un fel alkali bien net & un très-beau fable quartzeux, les fcories font peu abondantes & fe féparent plus vîte. Si au contraire on s'eft fervi de cendres & de fables colorés, quoique la fufion en foit plus prompte, il faut beaucoup plus de temps pour dégager ces fco-ries, qui font en plus grande quantité. Il arrive fouvent même que malgré l'exactitude & la durée de la fufion, le verre refte teint par des portions de métal qui fe font combinées avec lui. Les ouvriers, pour corriger ce défaut, ajoutent dans la fonte un peu de man-ganèfe qu'ils appellent le *favon*.

Quelque parfait que foit le verre, même celui que les ouvriers nomment *cryftal*, il eft encore fort inférieur aux cryftaux que la nature produit ; il retient

toujours

toujours un peu des fondans qu'on a employés dans sa fabrique, ce qui lui donne de la fusibilité & la propriété d'être attaqué par différentes substances ; défaut plus sensible encore dans les verres bruns & tendres, que dans les autres.

M. de Réaumur a donné dans les *Mémoires de l'Académie des Sciences,* année 1739, un moyen d'ôter au verre sa transparence, & de le convertir en une espèce de mauvaise porcelaine vitreuse : il suffit pour cela d'emplir de plâtre une bouteille de verre noir, de la mettre dans un creuset également plein de plâtre, & de l'exposer à un feu violent pendant plusieurs heures.

Les sables métalliques ne servent que lorsqu'ils sont riches ; on les allie aux autres mines métalliques & on les exploite avec elles.

SECTION II.

Terres calcaires. *Terræ calcareæ.*

LEs terres calcaires font formées de parties très-fines, plus ou moins étroitement liées entr'elles ; elles faliffent les doigts lorfqu'on les touche ; fe diffolvent avec effervefcence dans les acides, & fe fondent toutes en verre fans addition ; mais elles exigent un degré de feu très-violent. M. d'Arcet, qui a éprouvé un grand nombre de fubftances calcaires, n'a pu faire couler la craie de Champagne, & la chaux éteinte ; mais M. Macquer en eft venu à bout.

GENRE I.

Craie. *Creta.*

La craie forme des maffes plus ou moins folides, qui ne font pas toujours également pures ; les matières qui s'y trouvent mêlées en font varier beaucoup la confiſtance & la couleur. On trouve cette terre en couches horizontales, communément entrecoupées par des bandes de pierres à fuſil noires, enduites de la matière même de la craie ; quelquefois auſſi on y rencontre par lits, ou éparſes & ſans ordre, des coquilles qui ſouvent ont pris la conſiſtance du caillou & de l'agate.

L'origine de la craie n'eſt point encore bien connue : pluſieurs Minéralogiſtes, & Henkel à leur tête, croient qu'elle eſt une terre de première création ; d'autres veulent qu'elle ſe produiſe journellement ; mais ils ne ſont pas d'accord ſur les principes qui ſervent à la former. Les uns l'attribuent au débris des coquilles & autres corps que la mer laiſſe ſur les terres qu'elle découvre ; ils fondent leur opinion ſur l'égale épaiſſeur des couches qui paroiſſent avoir été dépoſées, comme le font les ſédimens des eaux. Les autres obſervant que les coquilles & autres corps marins, ne ſe trouvent pas abondamment dans la craie, croient que les cailloux peuvent fe dénaturer & fe convertir en cette fubftance. Rien n'eft plus commun, difent-ils, que de voir des cailloux enduits d'une croûte blanche à l'extérieur, plus épaiffe du côté qui eft expofé à l'air, & plus mince du côté qui regarde la terre ; cet enduit eft de nature parfaitement calcaire à fa fuperficie ; mais lorfqu'on approche davantage du centre, il ne paroît pas encore être entièrement paffé à l'état de craie.

A l'égard de l'agent qui dénature ainfi les cailloux, dont l'extrême dureté réfifte au feu le plus violent, ce ne peut être que l'action combinée du foleil & de la pluie ; le premier dilatant fans ceffe les pores de ces corps, l'eau les pénètre, les divife, & les attenue de plus en plus. Il eft vrai que cela doit être très-long ; car des cailloux mis en expérience à l'air, pendant deux ans entiers, ne font pas fenfiblement changés, feulement leur furface pa-

roît un peu ternie ; mais qu'eſt-ce que
ce peu de temps pour la nature, qui
ne compte point les ſiècles qu'elle emploie à changer la ſuperficie de notre
globe. S'il étoit poſſible d'appuyer cette
idée ſur une expérience journalière
de la Chymie, cette ſcience nous offre
des moyens de diviſer ſingulièrement
le caillou, & d'en obtenir une terre
blanche très-légère, qui ſe diſſout dans
les acides avec efferveſcence, & qui
ſe fond en verre; propriété que n'avoit
pas le caillou avant d'être attaqué, &
qui rapproche beaucoup ſa ſubſtance
de celle de la craie.

ÈSPECE I.

Craie blanche. *Creta cohærens, ſolida.*
WALL. *Calx ſolubilis, impalpabilis,*
cohærens. LINN.

La craie blanche eſt la plus commune, on la nomme craie friable, *creta*
non Saxoſa, WALL. ou craie dure, *creta*
dura, Saxoſa; WALL. gurh de craie,
creta fluida, WALL. quand elle eſt éten-

due d'eau ; lait de lune, ou agaric minéral, *lac lunæ subterraneum*, WALL.
lorsqu'elle se dépose, entre les fentes
des rochers, en une poussière très-fine,
& d'un blanc de lait. On lui donne
encore le nom de farine fossile, *lac
lunæ solare*, WALL. mais elle ne diffère pas bien sensiblement du lait de
lune, qui a seulement un peu plus de
consistance. Ce qu'on appelle fleur de
de chaux, *calx nativa, aquis supernatans,
vel mixta*, WALL. n'est qu'une craie
blanche & légère, qui nage à la superficie de certaines eaux thermales.
WALL. parle d'une craie blanche d'Angleterre, qu'il nomme *cretâ aquâ fri-
gidâ effervescens* ; cette craie, selon son
rapport, s'échauffe avec l'eau, au point
qu'on y peut cuire des œufs : on ne sait si
cette propriété dépend de la nature de
la craie, ou de quelque accident particulier.

ESPECE II.

Craie d'un blanc sale. *Creta fragilior, grossior & rudis alba.* WALL. *Calx solubilis pulverea.* LINN.

Cette craie ne paroît différer de la précédente que par l'interpofition de quelques corps étrangers : on en trouve en Suède, en Saxe, dans la Weſtro-gothie, dans la mine de Cellerfeld, au Hartz.

ESPECE III.

Craie jaune. *Creta flavefcens.*

On en trouve en Saxe, à S. Johan, au bain de Schinznach près Berne.

ESPECE IV.

Craie rouge. *Creta rubra.*

ESPECE V.

Craie verte. *Creta viridis.* WALL.

ESPECE VI.

Craie noir. *Creta nigra.*
On en trouve à Oſnabruck.

G E N R E *I I.*

Falun ou Cron. *Arena conchacea.* WALL. *Calx solubilis furfuracea.* LINN.

Le falun diffère de la craie par la quantité de coquilles brisées qui le composent, & qui ne laissent aucun doute sur son origine. On en rencontre souvent de très-entières, qu'on conserve dans les cabinets sous le nom de *coquilles fossiles.* Les unes sont absolument de la nature de la craie ; les autres ont encore conservé un peu de leur brillant ; mais toutes ont perdu leurs couleurs. La falunière la plus connue est celle de Touraine, qui peut avoir neuf lieues quarrées de surface.

E S P E C E I.

Terre coquillière. Falun. *Humus animalis non terrifica.* WALL. *Calx solubilis furfuracea.* LINN.

On peut ranger à la suite des indi-

vidus de cette efpèce les coquilles foffiles, qu'on divife, comme les coquilles
marines, en trois ordres.

PREMIER ORDRE. *Coquilles univalves*
ou *cochlites.* M. d'Argenville en fait
quinze familles; on leur conferve à la plupart leur dénomination, en changeant
feulement la terminaifon de leur nom.

1. Lépas ou Patelles. *Lepadites, Pa-
tellites.*

2. Oreilles de mer. *Haliotites.*

3. Tuyaux. *Tubulites. Vermiculites.
Dentalites.*

4. Nautiles. *Nautilites.*

On doit joindre à ce genre, celui de
la *corne d'Ammon* ou *Ammonite*, dont
plufieurs efpèces fe rapportent parfaitement à des nautiles connus, qu'on ne
trouve que dans la mer des Indes,
fuivant les obfervations de M. de Juffieu, rapportées dans les *Mémoires de
l'Académie des Sciences*, année 1722.

5. Limas à bouche ronde. *Cochlites.*

6. Nérites. *Neritites.*

7. Sabots. *Trochilites.*

8. Rouleaux. *Cylindrites.*

9. Cornets. *Volutites.*

10. Vis. *Strombites.*

11. Buccins. *Buccinites.*

12. Rochers. *Muricites.*

13. Pourpres. *Purpurites.*

14. Porcelaines. *Porcellanites.*

15. Tonnes. *Globosites.*

DEUXIEME ORDRE. *Coquilles bivalves* ou *conchites*, il renferme six familles.

1. Huîtres. *Ostracites* ou *Gryphites.*

2. Cames & Tellines. *Chamites. Telli-nites.*

3. Cœurs. *Bucardites.*

4. Peignes. *Pectinites.*

5. Moules. *Musculites.*

6. Manches de couteau. *Solenites.*

TROISIEME ORDRE. *Coquilles mul-tivalves.* On en fait six familles.

1. Oursins. *Echinites.*

2. Pholades. *Pholadites.*

3. Glands de mer. *Balanites* & *Glan-dites.*

4. Conches anatifères. *Anatites.*

5. Pousse-pieds.

6. Oscabrions.

On doit ajouter aux coquilles foffiles les coraux altérés dans leur couleur & dans leur dureté, les madrepores & autres habitations de polypes,
l'yvoire foffile, ou unicorne foffile,
noms donnés indiftinctement à toute
forte de matières offeufes, demi-dé-
compofées ; mais principalement aux
défenfes des éléphans & à leurs dents
molaires, trouvées dans la terre.

La turquoife eft encore une fubftance très-analogue à l'unicorne foffile ;
c'eft un os coloré en bleu plus ou moins
foncé, qui avec le temps paffe au vert.
Celles qui font dures & d'un beau bleu,
prennent le nom de *turquoifes orientales*, ou *turquoifes de vieille-roche* ; lorfqu'elles font plus pâles ou plus tendres,
on les nomme *occidentales*, ou de *nou-
velle-roche*. M. de Réaumur a donné un
Mémoire fur les turquoifes, imprimé
dans le *Recueil de l'Académie des Sciences*, année 1715, où il attribue leur
formation à des dents d'animaux, blanches, jaunes ou grifes, marquées de

petits points d'un bleu très-foncé, que le feu développe enfuite & répand dans toute la pierre qu'on calcine. Les minières qui fourniffent ces turquoifes, fe trouvent en France, dans le Bas-Languedoc, proche la ville de Simore & aux environs.

Il paroît que les dents ne font pas les feules parties qui peuvent fournir des turquoifes, & que le feu n'eft pas toujours néceffaire pour leur donner leur couleur bleue. On conferve dans le Cabinet du Roi, la main d'une femme, dont les dernières phalanges font des turquoifes bleues; & il ne paroît pas que cette main ait fouffert l'action du feu d'un fourneau, car elle porte encore des reftes de chair deffechée, qui en auroit été détruite.

Les plus belles turquoifes viennent de la Perfe, & felon M. de Réaumur, elles diffèrent de celles de France, en ce que l'eau - forte, qui diffout très-bien celles-ci, n'agit point fur les autres. L'eau régale agit auffi différemment fur ces deux fortes de pierres ; elle diffout entièrement les nôtres, & réduit celles de Perfe en une efpèce de pâte plus blanche que n'étoit la turquoife.

On doit encore ranger ici les crapaudines, qui font de petits corps durs, vides dans leur intérieur, d'une couleur grife, tirant plus ou moins fur le jaune & fur le noir, & qu'on avoit regardées comme des pierres précieufes du fecond ordre. M. de Juffieu a développé leur origine dans un Mémoire imprimé parmi ceux de l'Académie des Sciences, en 1723 ; il reconnoît que ces pierres ne font que les couronnes des dents d'un poiffon appellé *grondeur*, qui fe trouve dans la mer du Bréfil. Il en eft de même des pierres qu'on appelle *yeux de ferpens :* celles-ci font formées par les dents incifives, & les premières par les dents molaires qui font plus groffes.

GENRE III.

Marne. *Marga.*

Le nom de marne a été donné affez indiftinctement par les cultivateurs à toutes les efpèces de terres dont le mélange peut améliorer un fol, quoiqu'elles foient fouvent de nature très-différente. Dans le Dictionnaire encyclopédique on a reftreint ce mot à une efpèce de craie très-fine. Wallérius, dans fa *Minéralogie*, veut qu'on appelle marne un mélange de craie & d'argille : les caractères qu'il en donne font affez faciles à reconnoître , auffi eft-ce d'après lui qu'elles fe trouveront rangées ici.

ESPECE I.

Marne blanche. *Glifcho-Marga.* WALL. *Argilla mixta , pallida , acido effervef- cens.* LINN.

On en trouve en France aux environs d'Alençon ; c'eft le kaolin dont on fe fert pour la porcelaine de ce pays : cette marne n'eft pas pure, elle contient un peu de mica & une affez grande quantité de fable quartzeux : lorfque cette terre fe rencontre dans les fentes des rochers, on la nomme *fteno-marga*.

E S P E C E II.

Marne grife. *Lene argilla cinerea.* WALL.
Elle diffère peu de la précédente.

E S P E C E III

Marne jaune. *Marga giallolina.* WODW.

E S P E C E IV.

Marne rouge. *Capnumargos.* WALL.

On trouve une femblable terre qui fe décompofe à l'air, dans le fchifte de Stygfors, paroiffe de Ratwick, en Dalécarlie.

E S P E C E V.

Marne brune. *Marga fufca.* WALL.

E S P E C E VI.

Marne noire. *Marga nigrefcens.* WALL.

E S P E C E VII.

Marne bleuâtre. *Marga cœrulescens.*
WALL.

E S P E C E VIII.

Marne verte. *Marga viridescens.* WALL.

On en trouve à Chemnitz en Hongrie.

La marne fait effervescence avec les acides, comme la craie ; mais l'effervescence est ordinairement moins vive ; elle a plus de ténacité & plus d'onctuosité que la craie : on en trouve quelques échantillons qui peuvent former avec l'eau, une pâte plus ou moins ductile. La marne se fond à un feu médiocre, en une masse opaque ou espèce d'émail ; mais à un feu plus fort, elle fournit un très-beau verre.

La marne que Wallérius décrit sous le nom de *marne pétrifiable*, ne paroît pas fort différente du tuf, dont il sera question en parlant des pierres calcaires. La marne vitrifiable n'a point de
caractère

caractère décidé , toutes ayant la poſſibilité de ſe convertir en verre, plus ou moins aiſément.

Uſage des Terres calcaires.

On mêle la craie , le falun & la marne aux terres graſſes & fortes pour les rendre plus meubles & plus faciles à ſe laiſſer pénétrer par les racines tendres des jeunes plantes. On peut faire une bonne chaux avec la craie , le falun & les coquilles foſſilles.

On prépare une ſorte de blanc en petits pains, en broyant la craie dans de l'eau : la partie la plus peſante ſe précipite ; on décante l'eau trouble ; on la laiſſe dépoſer lentement juſqu'à ce qu'elle ſoit devenue claire ; puis , après l'avoir verſé doucement, on met en pains la terre qui ſe trouve au fond du vaſe, & on la fait ſécher. Ce blanc eſt d'uſage dans la Peinture. La Médecine peut auſſi employer les terres calcaires , comme des abſorbans dans les aigreurs de l'eſtomac ; mais en général ces terres font pefantes, & on ne les ordonne qu'au défaut d'autres médicamens. On fait avec la marne des pipes & des fayances. On polit les yeux de ferpent, les crapaudines & les turquoifes. On peut enlever à celles de France leur couleur, en les faifant macérer dans le vinaigre ou le jus de citron. Les acides minéraux ne peuvent point avoir la même action, au rapport de M. de Réaumur.

SECTION III.

Terres argilleufes. *Terra argillacea.*

LES parties de l'argille font fines & & bien liées : ces terres font communément en très-grandes maffes, & lorfqu'elles fe sèchent, elles forment des feuillets appliqués les uns fur les autres : elles fe diffolvent toutes dans l'eau & fe durciffent au feu, & prennent une dureté qui les rend capables de faire feu avec l'acier. Elles ne fe fondent pas en verre lorfqu'elles font bien pures, & celles qui coulent ne le font que très-difficilement. Il y a parmi les ar-gilles deux genres fort différens.

G E N R E I.

Terres argilleufes, graffes ou ducti-les. *Terræ glutinofæ.* **Wall.**

Les argilles graffes fe reconnoiffent à leur molleffe & à leur onctuofité, qu'elles confervent encore long-temps après avoir été tirées de la terre. Elles fe diffolvent dans l'eau, même froide, lorfqu'on les mêle avec une affez gran-de quantité de ce fluide ; mais lorfque cette quantité eft plus petite, elles for-ment une pâte molle & ductile qu'on peut tourner, & à laquelle on peut donner, dans des moules, une forme qu'elles gardent en féchant. Ces terres prennent beaucoup de retraite, & font fujettes à fe fendre, lorfqu'elles n'ont que peu de liant.

ESPECE I.

Argille blanche. *Argilla alba vix vitref-cens, in igne colorem retinens, indu-rata.* WALL. *Argilla apyra, arida.* LINN.

Cette argille est la plus pure de toutes; elle a assez de liant & ne fond point au feu : on en trouve dans les environs de Châteaudun. Elle entre dans la composition d'une porcelaine qu'on fabrique dans ce pays.

Aux environs du Port-Louis en Bretagne, on en rencontre une très-blanche, mêlée d'un peu de sable & de mica.

A Susy, en Picardie, une blanche, dont on se sert pour faire les pots de la glacerie de Saint-Gobin.

A Maubeuge, une blanche dont on fait le grès fin de Flandre.

Aux environs de Dunkerque, une d'un gris blanchâtre, dont on fait des pipes.

Il y en a encore de blanche en Alface,

& en diverfes Provinces de France,
dans la Flandre Autrichienne, le Dane-
marck, &c.

Toutes ces argilles, quoique les plus
pures qu'on connoiffe, font mêlées de
fable, de mica & de quelques parties
ferrugineufes, qui y forment des taches
jaunes qu'on doit enlever avec foin
avant de délayer la terre dans l'eau ;
car alors elles fe répandroient dans
toute la maffe, fans qu'il fût poffible de
les en dégager. Toutes ces argilles deviennent très-blanches à un feu médiocre ; mais lorfqu'elles font chauffées
fortement, elles perdent beaucoup de
leur blanc.

Espece II.

Argille grife. *Bolus cinerea.* **Wall.**

L'argille grife ne diffère de la blanche que par une nuance dans la couleur ; quoiqu'elle foit en apparence
moins pure, elle a cependant beaucoup
plus de liant. On trouve de ces fortes
d'argilles en France ; à Villantraud,

près Montmireil, on en fait des pots pour les verreries ; à la Bellière, en Normandie, on s'en fervoit autrefois pour faire les pots dans la glacerie de Saint-Gobin ; à Savigny, près Beauvais en Picardie, on en fait la plus grande partie des poteries de grès qu'on vend à Paris. On tire une argille d'un gris-brun dans les environs de Gournai en Normandie ; une d'un gris-brun très-foncé, prefque noir, fur le chemin & à la montagne de Moret : on en fabrique une poterie de terre blanche, façon d'Angleterre, à Montereau & à la manufacture du Pont-aux-choux à Paris. On trouve encore de ces argilles, fuivant le rapport de Wallérius, à Lignitz, à Maffel & à Landbach : la terre de Patna, près du Gange, dont on fait des vafes légers, connus fous le nom de *gargoulettes du Mogol*, eft de cette efpèce.

ESPECE III.

Argille jaune. *Bolus flava.* WALL. *Argilla flaveſcens punctulis maculisque ferreo-ochraceis.* LINN.

On en trouve en France dans les environs de Blois & de Saumur.

ESPECE IV.

Argille de couleur rouge-pâle. *Bolus colore carneo.* WALL. *Argilla incarnata, fracturis glaberrimis.* LINN.

Cette eſpèce prend le nom de terre de Lemnos : on la nomme auſſi *terre ſigillée*, parcequ'on la vend dans les boutiques des droguiſtes en petits pains ronds, portans l'empreinte d'un cachet.

ESPECE V.

Argille rouge. *Bolus rubra.* WALL.

On en trouve en Bohème, en Perſe; on la vend chez les droguiſtes ſous le nom de *bol d'Arménie*; elle eſt d'un rouge fafrané : on en trouve auffi en France, mais elle eft plus pâle : on fait les vafes de boucarot avec une femblable terre.

E S P E C E   VI.

Argille bleue. *Argilla vitrefcens rudis.* Wall. *Argilla humido cœrulefcens, uftione rufefcens.* Linn.

On en trouve dans les environs de Paris, près Vaugirard ; elle rougit au feu, & fe fond à fon extrême violence en une fcorie noirâtre.

E S P E C E   VII.

Argille verte. *Argilla colorata viridefcens.* Wall.

Cette argille eft celle qui fert aux dégraiffeurs : on en trouve aux environs de Reims & de Vienne.

E S P E C E   VIII.

Argille noire. *Bolus nigra.* Wall.

Cette argille eft affez commune dans les environs de Paris : elle blanchit au feu.

ESPECE.

ESPECE IX.

Argille marbrée. *Argilla ad inſtar marmoris variegata.*

Cette argille eſt communément marbrée de rouge & de gris. Elle eſt commune dans les environs de Paris : on en trouve quelquefois qui eſt graſſe, & reſſemble à du ſavon.

GENRE II.

Argilles sèches & non ductiles. *Terræ argillaceæ ſiccæ & non glutinoſæ.*

Les argilles sèches ſont feuilletées comme les autres; mais leur grain eſt plus groſſier : elles ne peuvent pas former avec l'eau de pâte ductile, mais elles s'y diſſolvent en partie, & la rendent un peu laiteuſe.

E S P E C E I.

Argille sèche, grife & feuilletée. Argille à foulon. *Argilla pinguis, in bra-
cteas dehiefcens , & in aere deliquefcens.*
WALL. *Argilla fiffilis, friabilis , lu-
brica, in aquá fpumans.* LINN.

Cette argille eft d'un gris clair, marquée de petites taches noires fur les
tranches ; elle eft affez douce au toucher ; elle fe sèche facilement à l'air,
& fe partage en feuillets. Lorfqu'on la
mèle en poudre dans de l'eau, elle la
rend laiteufe & y forme des bulles,
comme le favon. On peut s'en fervir
pour fouler les étoffes : on en trouve
beaucoup à Montmartre, près Paris.

E S P E C E I I.

Argille sèche, grenue & rougeâtre,
tripoli. *Glarea, indurata, cohœrens,
afpera.* WALL. *Argilla fcabra , niti-
dula, flavefcens, inquinans.* LINN.

Le tripoli a toujours à-peu-près la
même confiftance ; il reffemble à un

amas de fable fin, lié par une petite portion d'argille : il eſt de couleur iſabelle-rougeâtre.

ESPECE III.

Argille sèche, grenue & griſe, tripoli gris. *Tripela alba.*

Il ne diffère du précédent que par ſa couleur blanche ou griſe.

ESPECE IV.

Argille sèche, grenue & noire. *Tripela nigra.*

Ce tripoli ne diffère des autres que par ſa couleur noire, qu'il perd dans le feu. On trouve ce tripoli en Bretagne & à Menat en Auvergne. M. Guettard a donné la deſcription des carrières de cet dernier endroit, dans les *Mémoires de l'Académie des Sciences,* année 1755.

ESPECE V.

Argille sèche & friable, pierre pourrie. *Argilla parùm cohœrens, exsiccata,
farinacea.* WALL.

Cette argille est d'une couleur grise
cendrée, d'un grain plus fin & moins
lié que le tripoli ; les couches y sont
aussi moins sensibles.

L'argille réfractaire de Wallérius ,
celle qui se gonfle à l'eau & qui se trouve dans le Helsingland, l'argille à po-
tier, &c. ne diffèrent que par des qualités accidentelles, qui ne changent en
rien la nature de la terre argilleuse.

Analyse des Argilles.

Les argilles sont composées d'une
terre analogue à celle du sable quartzeux, altérée par l'acide vitriolique ,
& réduite, pour ainsi dire, à l'état d'un
sel avec excès de terre.

Les argilles se dissolvent dans l'eau,
à l'exception d'une portion de sable qui
s'y trouve mêlée, sans être altérée par

l'acide : cette portion eſt plus abondante dans celles qui ſont blanches. Les
argilles colorées doivent leur couleur
à des pyrites qu'elles renferment, &
qui, pour la plupart, ſe décompſent.

Les argilles répandent, lorſqu'on les
calcine, une forte odeur d'acide ſulfureux volatil.

La diſſolution d'argille dans l'eau,
filtrée & évaporée, fournit une eſpèce
de cryſtalliſation en feuillets minces.

L'alkali fixe, verſé ſur la diſſolution
d'argille, en précipite une terre blanche, qui ſe diſſout facilement dans les
acides, lorſqu'elle eſt encore humide;
mais en ſéchant elle prend beaucoup
de retraite, ſe durcit, & devient plus
difficile à diſſoudre dans les mêmes
acides, avec leſquels elle fait un petit
mouvement d'efferveſcence.

La liqueur dont on a précipité la terre
fournit par l'évaporation, du tartre
vitriolé, du ſel de glauber, ou du ſel
ammoniacal vitriolique, ſuivant la
nature de l'alkali qu'on a employé

pour ſaturer l'acide & précipiter la terre.

L'acide vitriolique appliqué à une maſſe d'argille, n'a point ſur elle une action ſenſible ; mais lorſqu'on en verſe dans la diſſolution de cette ſubſtance, il ſature la portion terreuſe ſurabondante, & on ne retire plus par l'évaporation ces feuillets argilleux, mais des cryſtaux de véritable alun.

L'acide nitreux diſſout la terre des argilles, à peu-près comme le fait l'acide vitriolique ; le ſel qui en réſulte cryſtalliſe difficilement, & a une ſaveur ſtyptique très-forte.

L'acide marin appliqué à la terre des argilles, la diſſout, & forme avec elle un ſel en petites aiguilles d'une ſtypticité conſidérable.

Les acides végétaux ont auſſi de l'action ſur la terre des argilles.

La terre qu'on a précipitée de la liqueur des cailloux par le moyen d'un acide, préſente les mêmes phénomènes que la terre qui fait la baſe des argilles

& de l'alun ; ce qui prouve complétement l'identité de ces fubftances.

Ufage des Argilles.

Les argilles deviennent de très-bonnes terres de culture, pourvu qu'elles
foient convenablement divifées, & ren-
dues plus meubles par le mélange des
terres légères, & par le labour fréquent : elles font même de toutes les
terres les plus propres à entrer dans
la végétation, comme l'a fait voir
M. Baumé, dans fon favant *Mémoire fur
les Argilles* ; ce Chymifte a retiré un véritable alun, en faifant macérer dans
l'acide vitriolique les cendres bien lef-
fivées de plufieurs plantes. Il a fait plus,
il a démontré que la terre argilleufe
exiftoit dans les os des grands animaux ;
foit qu'on les faffe macérer dans l'acide
vitriolique lorfqu'ils font entiers, ou
qu'après les avoir calcinés on les faffe
diffoudre dans cet acide, on en obtient
toujours des cryftaux d'alun, & une

eſpèce de ſel ſéléniteux, beaucoup plus diſſoluble dans l'eau que la ſélénite ordinaire. La terre précipitée de cette ſélénite, par le moyen d'un alkali, eſt fort voiſine de l'état de craie; mais elle n'eſt cependant pas capable de ſe convertir en chaux vive.

Les argilles ſervent en Chymie pour décompoſer les ſels nitreux & marins : on retire, en leſſivant le réſidu de la diſtillation du nitre par cet intermède, un vrai tartre vitriolé, & du ſel de glauber de celui qui reſte après la diſtillation du ſel marin.

L'uſage de la terre de Lemnos a été autrefois fort célèbre en Médecine ; mais aujourd'hui on ne l'emploie que rarement.

Le bol d'arménie eſt d'un uſage plus fréquent : on le recommande à l'intérieur comme aſtringent dans les hémorragies, à la doſe de quelques grains, ſous la forme de pillules, ou mêlé dans des boiſſons. On l'applique avec ſuccès à l'extérieur, pour arrêter le ſang des plaies.

& les confolider ; il agit à raifon de l'acide vitriolique, & du fer qu'il contient.

Les arts emploient beaucoup les différentes fortes d'argilles : les dégraiffeurs s'en fervent pour ôter les taches d'huile & de graiffe qu'elles abforbent avec beaucoup de facilité.

Les Sculpteurs en font des figures & des vafes, qu'ils laiffent fécher & qu'ils cuifent enfuite pour leur donner de la folidité.

Les tuiles, les briques, les carreaux fe font avec de l'argille, qu'on met en forme dans des moules, & qu'on cuit après les avoir fait fécher. Toutes ces matières fe colorent communément en rouge lorfqu'elles font cuites, parcequ'on emploie pour les faire des argilles chargées de pyrites martiales, qui fe calcinent par la violence du feu ; & même lorfqu'elles en contiennent beaucoup, & qu'elles font expofées dans l'endroit le plus chaud du four, elles fe couvrent d'une lame vitrifiée, colorée en bleu ou en verd.

L'argille bleue des environs de Paris, mêlée avec des fragmens de pots à beurre, forme la pâte dont on fabrique tous les fourneaux des laboratoires de Chymie, & les creufets qu'on nomme *creufets de France*. La cuiffon qu'on donne à ces fourneaux n'étant que foible, ils ne prennent en cuifant qu'une légère couleur rougeâtre, & font fujets à fe fendre, lorfqu'on les chauffe un peu brufquement.

On fait avec une femblable argille bleue des vafes minces, qui, par une cuite plus forte, deviennent très-rouges : tels font les pots pour les Jardiniers, les chauffrettes & autres uftenfiles qui ne font point deftinés à retenir d'eau. Lorfqu'on veut les rendre propres à cet ufage, on les enduit d'une couche de chaux de plomb, mêlée à quelques autres chaux métalliques, qui produifent, par la fufion, un enduit vitreux de différentes couleurs : le fer en donne une brune & le cuivre une verte : on nomme ces poteries *terres verniffées*.

Il eſt des argilles fines dont on fait des vaſes légers, & d'une forme agréable, comme ſont ceux qui ſe fabriquent à la manufacture du Pont-aux-choux à Paris. On jette dans les fours où ſe cuiſent ces poteries, une certaine quantité de nitre & de ſel marin, ce qui ſuffit pour les enduire d'une couverte vitrée très-mince.

Les poëles & autres uſtenſiles, qu'on dit être de fayance propre à aller au feu, ne ſont autre choſe que des poteries de terre commune, qu'on enduit d'une couverte d'émail, comme la véritable fayance : cette couverte ſe fait avec le ſable, un ſel alkali & la chaux de plomb, fondus en un verre dont on a troublé la tranſparence par une petite portion de chaux d'étain, qui n'entre pas en fuſion auſſi facilement.

On broie l'émail dans l'eau ; on en forme une pâte liquide dont on couvre la ſuperficie du vaſe deſſéché : l'humidité eſt abſorbée par les pores du vaiſſeau, & lorſqu'il eſt bien ſec, on le met au feu pour le cuire & faire fondre la couverte qui s'y applique plus exactement. Lorfqu'on veut deffiner fur cette couverte des fleurs ou des figures, on broie à la gomme les chaux métalliques colorantes avec la chaux de plomb, on trace les deffins, puis on met de nouveau les pièces au feu pour fondre la chaux de plomb, qui forme une couverte fur les parties colorées. Les deffins bleus fe font avec la cendre de cobalt; & comme cette couleur n'eft point altérable au feu, on peut peindre les pièces avant de les faire cuire.

La bafe de toutes ces poteries étant moins denfe que la couverte, elles font dilatées par la chaleur d'une manière fort inégale; auffi font-elles fujettes à fe fendiller & à s'en aller par écailles.

On fait les poteries de grès en mêlant à l'argille un certaine quantité de fable, qui lui donne de la confiftance, & diminue fa porofité : ces fortes de poteries prennent au feu le caractère d'une vitrification commencée, & acquièrent une très-grande dureté ; elles font comme le verre fujettes à fe caffer, en paffant fubitement du froid au chaud.

On fabrique avec une femblable pâte les cruches, les cornues, les creufets d'Allemagne.

La poterie de grès, enduite d'émail, forme la véritable fayance.

La porcelaine n'eft qu'une fayance dont la pâte eft plus belle, & conferve bien fon blanc après la cuite : cette pâte fe nomme *bifcuit* ; la couverte qu'on met deffus eft très-brillante, & les deffins dont elle eft ornée font très-exacts. On fait cuire cette poterie avec foin, dans des étuis de terre nommés *cafettes*, comme on le pratique pour les fayances. Lorfque les pièces doivent être dorées, on applique dans les endroits marqués l'or en chaux, qu'on brunit après la cuite avec de la fanguine. On ne met point de couverte fur les vafes d'ornemens & les figures délicates ; on les conferve dans l'état de bifcuit.

SECTION IV.

Terres composées. *Terræ compositæ.*

PRESQUE toutes les terres devroient rentrer dans l'ordre des terres composées, si on prenoit ce mot dans un sens strict, puisqu'elles sont presque toutes mélangées les unes avec les autres, & colorées par des substances métalliques : mais les Minéralogistes ont mieux aimé ranger dans des classes particulières, celles qui ayant un principe dominant dans leur combinaison, ont un caractère distinctif ; cette section étant réservée pour les individus tellement composés, qu'il est très-difficile de déterminer la nature de leurs principes constitutifs.

G E N R E I.

Terres compofées minérales. *Terræ minerales compofitæ. Ochræ.*

Toutes les terres de ce genre font fortement colorées par des matières métalliques dans l'état de chaux; elles fe diffolvent en partie dans les acides, & y occafionnent fouvent un petit mouvement d'effervefcence; leur couleur n'en eft cependant prefque point altérée. Toutes ces terres fe fondent au feu fans addition.

E S P E C E I.

Ochre jaune. *Ferri terra præcipitata non mineralifata.* WALL. *Ochra ferri, pulverea, lutea.* LINN.

L'ochre jaune eft colorée par le fer; lorfqu'elle eft d'un jaune pâle, on la nomme fimplement *ocre jaune*; lorfqu'elle eft d'une couleur plus foncée, on l'appelle *ochre de rue*.

E S P E C E II.

Ochre rouge. *Humus rubra, pallidè rubescens.* WALL.

E S P E C E III.

Ochre d'un rouge foncé, terre d'Angleterre. *Humus rubra obscurè rubescens.* WALL.

E S P E C E IV.

Ochre d'un rouge très-foncé, grasse & onctueuse. Crayon rouge ou sanguine. *Creta rubens, fusca, cimolia, purpurascens.* WALL.

Elle paroît contenir plus d'argille que les autres ochres.

E S P E C E V.

Ochre verte, terre de Vérone. *Ochra cupri Viridis.* WALL.

E S P E C E VI.

Ochre brune, terre d'Ombre. *Humus nigro brunea.* WALL.

Cette terre est d'une couleur brune plus ou moins foncée ; elle contient
du

du fer ; mais ce métal n'y eſt pas ſeul, ſelon le ſentiment de Wallérius ; il y eſt joint à quelques matières bitumi-neuſes, dont la couleur, à ce qu'il dit, ſe diſſipe au feu, ce qui fait que la terre devient blanche : ces expériences ont beſoin d'être repétées avec ſoin ; car ayant eſſayé de calciner un grand nom-bre de terres d'ombre, pas une n'a blanchi.

ESPECE VII.

Terre noire. *Humus nigra , pictoria.* WALL.

Cette terre eſt noire & très-friable ; il paroît que c'eſt une ſorte de ſchiſte ou *ampélites* décompoſé.

GENRE II.

Terres compoſées végétales. *Terræ compoſitæ vegetabiles.*

Ces terres contiennent abondam-ment des parties végétales ; elles brû-lent & perdent leur couleur dans le feu.

E S P E C E I.

Terreau ou terre franche. *Humus communis, atra.* WALL. *Humus vegetabilis, perfectè pulverifata, atra.* LINN.

E S P E C E. II.

Tourbe. *Humus vegetabilis turfaceo-fibrofa.* WALL. *Humus vegetabilis intertexto-fibrofa, ficco induranda.* LINN.

La tourbe fe forme dans les lieux marécageux, du débris des plantes & des animaux qui font enfouis & mêlés au limon des eaux : prefque tout le terrein de la Hollande en eft compofé; on en trouve en France, aux environs d'Amiens & de Villeroi. M. Guettard a donné des obfervations fur les tourbières de cet endroit, dans les *Mémoires de l'Académie des Sciences*, pour l'année 1761.

G E N R E   III.

Terres compofées animales. *Terræ compofitæ animales.*

Les Naturaliftes donnent ce nom aux terres des cimetières, des voieries, &c. où fe pourriffent continuellement beaucoup d'animaux.

Ufage des terres compofées.

Les terres compofées minérales fervent dans la peinture : on polit l'or avec la fanguine ; on s'en fert auffi en crayon, ainfi que de la pierre noire : la terre franche & la terre animale, font des très-bonnes terres de culture ; la tourbe fert pour brûler.

CLASSE II.

PIERRES. *LAPIDES.*

LEs pierres font en général plus dures que les terres : elles ne peuvent fe réduire en poudre que fous le marteau. On les divife comme les terres, en quatre fections.

SECTION I.

Pierres vitreufes. *Lapides vitrei.*

WALLERIUS donne le nom de pierres vitrifiables, à toutes celles qui entrent en fufion au feu, & fe changent en verre ; elles font ordinairement fi dures, qu'elles font feu lorfqu'on les frappe avec l'acier ; aucune ne fait effervefcence avec les acides ; elles n'en font pas même attaquées ; feulement quelques-unes perdent leur couleur. Les étincelles qu'elles jettent lorfqu'on les frappe avec l'acier, dépendent abfolument de leur dureté ; cette propriété leur eft commune avec les jafpes, les granites, & même quelques pierres calcaires. La facilité qu'elles ont de fe fondre au feu, eft une qualité qui loin de leur être particulière, femble au contraire leur avoir été fpécialement refufée. M. d'Arcet, dans les excellens Mémoires fur l'action d'un feu égal & violent, qu'il a donnés à l'Académie des Sciences, a démontré qu'aucune de ces pierres ne pouvoit fe fondre feule & fans addition : il faut en excepter cependant plufieurs pierres précieufes colorées, qui paroiffent être de même nature, & ne devoir leur fufibilité qu'aux matières colorantes qu'elles contiennent.

GENRE I.

Pierres vitreuses, tendres & opaques. Grais. *Cos.*

Les grais font compofés de grains de fable, qui paroiffent très-fenfibles dans quelques échantillons qui fe brifent facilement; ces grains font moins apparens dans d'autres; ces derniers fe fendent en lames, & leur caffure paroît plus vitreufe; ils fe rapprochent en cela du quartz. Le grais forme dans l'intérieur de la terre, des maffes ou des couches plus ou moins confidérables; les morceaux qui font durs font feu lorfqu'on les frappe avec l'acier. Les acides n'attaquent point le grais; & il ne peut fe fondre fans addition.

ESPECE I.

Grais groffier blanc. *Cos particulis arenofis, inæqualibus, dura, vulgaris, cinerea.* WALL.

Ce grais eft d'une couleur blanche ou grife, tirant plus ou moins fur le jaune ; il y en a de plus tendre & de plus dur : on en trouve beaucoup dans les environs de Fontainebleau. On en fait des pavés pour les chemins. Les plus tendres se brisent facilement & se réduisent en sable. Ceux qui sont plus durs, se fendent par lames. Le grais que les Auteurs ont nommé grais à bâtir ; *cos particulis minimis glareosis, mollis, cædua.* WALL. *Cos friabilis, particulis argilloso-glareosis,* LINN. paroît être à peu - près le même.

E S P E C E II.

Grais grossier rouge. *Cos particulis arenosis, inæqualibus, dura, vulgaris, rubra.* WALL.

Ce grais est assez tendre. Il est d'une belle couleur rouge.

E S P E C E III.

Grais grossier brun. *Cos particulis minimis, arenosis, inæqualibus, dura, vulgaris, fusca.* WALL.

ESPECE IV.

Grais grossier veiné. *Cos particulis minimis, arenosis, inæqualibus, dura, vulgaris, variegata.* WALL.

ESPECE V.

Grais poreux, pierre à filtrer. *Cos particulis arenosis, majoribus aquam transmittens.* WALL. *Cos particulis arenosis, æqualibus, aquam transmittendo stillans.* LINN.

Cette pierre est d'un grain égal. Elle laisse filtrer l'eau, & se durcit à l'air. Elle vient du Mexique, & des Iles Canaries.

On en trouve une autre en Ingermanie, & dans les environs d'Upsal, qui est très-légère, un peu feuilletée & comme vermoulue. Wallerius dit qu'elle ressemble à la pierre ponce, il la nomme *cos particulis arenosis, minoribus, variis foraminulis inordinatè distincta.*

ESPECE

ESPECE VI.

Grais des Rémouleurs. *Cos particulis arenofis, æqualibus, minoribus, coticularis:*
WALL. *Cos particulis merè glareofis ,
impalpabilibus, friabilibus.* LINN.

Ce grais eſt compoſé de grains très-
fins & très-étroitement liés, cependant
aſſez ſenſibles : on s'en ſert pour aiguiſer
les inſtrumens tranchans, & pour uſer
les verres des montres & des lunettes.
Il eſt communément gris ; mais il varie,
étant tantôt plus blanc, tantôt plus
jaune : on en trouve dans la Dalécarlie.

ESPECE VII.

Grais de Turquie, pierre à aiguiſer de
Turquie. *Cos particulis arenofis, te-
nuiſſimis, impalpabilibus , indurabilis.*
WALL.

Cette eſpèce de grais eſt d'un gris
noirâtre ; ſon grain eſt fin ; elle reſſemble aſſez au caillou ; cependant elle eſt
beaucoup plus tendre : l'huile lui don-

ne une certaine dureté & un peu de
tranfparence

E S P E C E. VIII.

Grais carrié, pierre meulière. *Quart-*
zum variis foraminulis inordinatè dif-
tinctum. WALL.

La pierre meulière eſt blanche & percée de trous, qui ſont remplis d'une
pouſſière jaunâtre, ce qui la fait paroître comme carriée & vermoulue. Il y
en a des échantillons plus ou moins
tranſparens ; c'eſt ce qui a engagé Wallérius à en faire un quartz ; tandis que
M. Valmont de Bomare l'a rangé parmi les grais : on en trouve en quantité
à la Ferté-ſous-Jouare.

G E N R E II.

Pierres vitreuſes, opaques & dures.
Silex.

Les pierres de ce genre ſont beaucoup plus dures que les grais ; elles ſe
caſſent par lames comme le verre, &

on ne peut pas discerner le grain qui les compose. Elles sont toutes en petites masses roulées, & ne forment point de roches considérables : on en trouve qui sont absolument opaques ; d'autres ont conservé une sorte de transparence : on nomme les premiers *cailloux* & les seconds *agates*.

ESPECE I.

Caillou opaque & gris. *Silex opacus, intrinsecè inæqualis, mollior.* WALL.

Ce caillou est d'une couleur grise ou blanchâtre ; il est toujours parfaitement opaque ; il y en a qui sont marqués de taches & de veines : on les trouve dans le sable, ou épars dans la campagne.

ESPECE II.

Caillou opaque & noirâtre, pierre à fusil commune & grossière. *Silex igniarius, per arva obvius.* WALL.. *Silex vagus, cortice cretaceo, fragmentis opacis, lævibus.* LINN.

C'est le caillou le plus commun,

celui dont on se sert pour battre le briquet : on le rencontre dans la craie, en petites masses irrégulières, & souvent caverneuses, couvert d'un enduit de matière crétacée.

E S P E C E III.

Caillou brun, Caillou d'Egypte. *Silex vagus, cortice ochraceo, opacus, concentrico-variegatus.* LINN.

Le fond de sa couleur est brun ; il est marqué de taches & de veines jaunes, & prend un très-beau poli.

E S P E C E IV.

Caillou tacheté de blanc & de rouge, jaspe fleuri rouge. *Jaspis variegata, rubra.* WALL. *Silex rupestris, nudus, opacus, ruber, solidus.* LINN.

Ce jaspe est marqué de points rouges & de veines blanches.

ESPECE V.

Caillou marqué de veines grifes & blanches, jafpe fleuri gris. *Jafpis variegata grifea.* WALL.

Cette pierre reffemble au jafpe fleuri rouge ; mais fes taches font grifes, mêlées de blanc ou de jaune.

ESPECE VI.

Caillou jaune, mêlé de veines blanches, jafpe fleuri jaune. *Jafpis variegata, flava.* WALL.

Cette efpèce ne diffère du jafpe fleuri rouge que par la couleur des taches.

ESPECE VII.

Caillou verdâtre, marqué de points jaunes, jafpe fleuri verd. *Jafpis variegata obfcurè viridis.* WALL.

ESPECE VIII.

Caillou verd, ponctué de rouge, jaspe sanguin. *Jaspis variegata viridis* WALL. *Silex rupestris, nudus, opacus, viridis.* LINN.

Ce jaspe a un fond verd ponctué de rouge.

Le jaspe de Wallérius n'est autre chose qu'un caillou ; on le trouve de même en masses détachées. Il ne fond pas plus que la pierre à fusil, comme l'a observé M. d'Arcet ; aussi c'est à tort qu'on l'a confondu avec le *petro-silex* & le *lapis-lazuli*.

On a distingué encore beaucoup d'autres jaspes, à raison de la couleur du fond, & de la variété des taches. Ce qu'on nomme jaspe agate, n'est autre chose qu'une sorte de jaspe fleuri, qui a quelques veines transparentes, semblables à l'agate.

ESPECE IX.

Caillou à fusil, pierre de corne commune. *Silex corneus, intrinsecè æqualis, durissimus.* WALL. *Silex vagus, cortice glabro, fragmentis diaphanis, glaberrimis.* LINN.

Cette pierre est de couleur de corne claire ; elle a un peu de transparence & se rapproche de l'agate. On la fend en lames minces , pour en armer les chiens des fusils & des pistolets.

ESPECE X.

Caillou demi – transparent de couleur d'eau. *Achates aquea.* BOMARE.

Cette agate est la plus pure & la plus transparente de toutes : on la nomme *agate orientale.*

ESPECE XI.

Caillou demi-transparent rouge, cornaline. *Achates ferè pellucida, colore rubescente.* WALL. *Silex vagus, diaphanus, unicolor, ruber.* LINN.

La cornaline se trouve quelquefois

parfaitement tranſparente ; quelquefois auſſi elle eſt marquée de quelques taches qui en altèrent la pureté. Lorſque la teinte de la pierre eſt d'un rouge pâle, on la nomme *carnéole* ; quand elle tire plus ſur le jaune, on l'appelle *ſarde*.

E S P E C E XII.

Caillou demi-tranſparent jaune, ſardoine. *Onyx faſciis & circulis donatus, alterutro rubro.* WALL.

La ſardoine eſt communément de couleur jaune, veinée de brun.

E S P E C E XIII.

Caillou demi-tranſparent laiteux, calcédoine. *Achates vix pellucida, nebuloſa, colore griſeo mixta.* WALL. *Silex vagus, ſubdiaphanus, cornei coloris, concentricè varius.* LINN.

La calcédoine eſt tantôt blanche & de couleur de lait, tantôt griſe & veinée de blanc ; mais elle a toujours une forte d'opacité. On donne le nom d'*yeux de poiſſon* à de petits morceaux

de calcédoine qui font un peu cha-
toyans.

E S P E C E. XIV.

Caillou demi - tranfparent varié, agate.
*Achates duriffima, ferè pellucens, diverfis
coloribus nitens , variegata.* WALL.
*Silex rupeftris , cortice rufo , nodulofo,
fubdiaphanus.* LINN.

L'agate, quoique demi-tranfparente,
eft nuancée de diverfes couleurs ; on
lui a donné différens noms , comme
d'agate léontine, *achates pellis leoninæ.*
WALL. *Leontion leotodon ,* lorfqu'elle
eft de couleur fauve.

Agate, peau d'hyène. *Achates pellis
hyenæ.* WALL.

Agate, peau de panthère. *Achates
pellis pantheræ.* WALL. *Pardalion, pan-
tachates ,* lorfqu'elle eft mouchetée.

Agate à veines blanches. *Achates ve-
nulis albis.* WALL. *Seu cachates.*

Agate à veines rouges. *Achates venu-
lis rubris.* WALL. *Hœmachates.*

Jafpe agate. *Achates viridefcens pun-*

ctis rubris. WALL. *Jaspi - achates ,* lorsque l'agate est verte & marquée de points rouges , comme le jaspe san-guin.

Agate de trois couleurs. *Achates tricolor.* WALL.

Agate de quatre couleurs. *Achates quadricolor.* WALL. *Achates elementarius.*

ESPECE XV.

Caillou demi-transparent, par bandes de diverses couleurs. *Onyx. Achates vix semipellucida , fasciis aut stratis diversè coloratis ornata.* WALL. *Silex vagus , stratis diversi coloribus.* LINN.

L'onyce est formée de couches diversement colorées, & disposées circulairement. Lorsque les couches sont disposées horizontalement, & qu'on peut les séparer facilement, la pierre se nomme *memphites ,* ou camée. *Onyx stratis diversè coloratis ornatus.* WALL.

On donne le nom d'œil du monde, *Achates unguium colore , in aere opaca , aquá pellucens.* WALL. à une espèce d'onyce d'un gris pâle, qui a un peu de tranſparence, & qui, lorſqu'on la trempe dans l'eau pendant quelques minutes, devient plus tranſparente, & de couleur de ſuccin ; mais elle reprend ſon premier état en ſortant de l'eau. Cette pierre ſe trouve en Chine.

Il faut obſerver qu'on donne auſſi le nom d'onyce à des pierres qui ſont formées par couches, mais qu'il ne faut pas confondre avec l'agate onyce.

E S P E C E XVI.

Caillou demi-tranſparent figuré. *Achates figurata.* WALL.

Il y en a qui repréſentent des mouſſes, de petits arbriſſeaux : on les appelle agates herboriſées ou arboriſées. *Achates phytomorphos.* WALL. *Dendrachates* : on les nomme auſſi dendrites ; mais ce nom leur eſt commun avec toutes les pierres arboriſées. Lorſqu'on voit ſur ces agates des parties animales, on les nomme agates zoomorphites. *Achates zoomorphos.* WALL. Quand les agates repréfentent des figures d'homme, on les nomme agates anthropomorphites. *Achates anthropomorphos.* WALL. Lorfqu'on y voit des corps céleftes, on les nomme agates uranomorphites. *Achates uranomorphos.* WALL.

ESPECE XVII.

Caillou demi-tranfparent, brun & chatoyant, la chatoyante des Lapidaires. *Lapis mutabilis gemmariorum.* BOM.

Ces pierres font brunes & chatoyantes ; il y en a de très-belles, dont le bord eft d'un brun très-foncé, & le milieu d'un verd noirâtre très-brillant : on les appelle *yeux de loup.*

ESPECE XVIII.

Caillou demi-tranfparent, rempli de petits points brillans, aventurine. *Silex vagus, fubdiaphanus, punctis minimis, micantibus diftinctus.*

Cette pierre eft rougeâtre & demi-tranfparente, marquée de petits points brillans, comme la compofition qu'on connoît fous le nom d'*aventurine.* Il y a deux de ces aventurines naturelles au Cabinet du Roi.

E S P E C E XIX.

Caillou demi-tranfparent, blanc & cha‑ toyant, opale. *Achates ferè pellucida, colores pro fitu fpectatoris mutans.* WALL. *Silex vagus reflexione & refra‑ ctione varians.* LINN.

L'opale eft la plus belle & la plus tranfparente de toutes les agates ; le fond de fa couleur eft le blanc de lait ; mais il n'eft pas mat comme dans la Calcédoine ; au contraire il eft bril‑ lant & comme vitreux. Lorfqu'on re‑ garde la pierre, elle a des réflets : jau‑ nes, rouges & bleus. On donne le nom d'*œil de chat* à une opale d'un jaune ver‑ dâtre, qui, étant expofée au grand jour, darde un rayon jaune & très-lumineux.

La pierre qu'on appelle *girafole* ne diffère de l'opale qu'en ce que la cou‑ leur bleue y domine. On trouve les opales dans les Indes Orientales, en Arabie, en Egypte, en Hongrie, en Bohème, en Allemagne.

On peut ajouter à toutes les efpèces d'agates les fubftances végétales ou animales agatifiées , & les pierres qu'on nomme d'hirondelle ou de faffenage. *Achates figurâ hemifphericâ vel ovali., magnitudine feminis lini*, WALL. qui ne font que de petits grains d'agate roulés, affez femblables à ce qu'on appelle *yeux d'écreviffe.*

Analyfe des Cailloux.

Tous les cailloux rougis au feu y perdent leur couleur, & y deviennent d'un blanc mat : fi étant rouges on les jette dans l'eau très-froide, ils fe fendent & fe brifent : on peut ainfi les réduire en une poudre blanche affez fine. Une partie de cette poudre fondue avec huit parties d'alkali fixe , forme une maffe qui fe diffout dans l'eau , & cette diffolution prend le nom de *liqueur de caillour :* elle prend avec le temps une confiftance mucilagineufe.

Un acide verfé fur la liqueur de

-cailloux s'unit à l'alkali fixe, & dégage la terre qu'il tenoit en diſſolution : cette terre ſe diſſout très-facilement dans les acides tant qu'elle eſt humide, & lorſ-qu'elle eſt deſſéchée, elle s'y diſſout plus difficilement, mais toujours avec efferveſcence.

Les différens acides forment avec cette terre des ſelſ ſemblables à ceux que produit la terre de l'alun, & celle qu'on ſépare en précipitant par un alkali la diſſolution des argilles dans l'eau : ce qui concoure à prouver l'a-nalogie de ces différentes terres.

Il y a cependant entr'elles une dif-férence ; la terre des cailloux conſerve la propriété de ſe fondre en verre ; tandis que la terre des argilles & de l'alun eſt abſolument infuſible : cette obſervation eſt de M. Macquer.

La maſſe d'alkali fixe & de cailloux, miſe à digérer dans l'eſprit-de-vin, produit ce qu'on appelle la teinture des cailloux.

On peut également faire diſſoudre le

fable quartzeux dans l'alkali fixe, pour
en préparer une liqueur & une teinture.

On fe fert des cailloux pour armer
les fufils : on taille les agates.

Genre III.

Pierres tendres & tranfparentes. *La-*
pides quartzofi.

Les pierres de ce genre n'ont pas
toutes la même beauté, ni la même
dureté : les unes font parfaitement tranfparentes & fans couleur ; les autres font
colorées & ont une forte d'opacité ; il
y en a de régulièrement cryftallifées,
& de non cryftallifées.

Espece I.

Quartz laiteux. *Quartzum folidum, opa-*
cum, duriffimum, aqueo lacteum. WAL.
Quartzum rupeftre, album, diaphanum.
LINN.

Ce quartz, quoique vitreux, a cependant moins de tranfparence que les
autres ; il eft d'un blanc un peu laiteux :

on

on le nomme *gemma divi Jacobi.* Ce qu'on appelle le quartz gras , *quartzum solidum adtactu pingue.* W A L L. *Quartzum, vagum, rotundatum, cortice gla-berrimo.* L I N N. ne diffère du quartz laiteux que par son aspect, qui paroît comme gras.

E S P E C E II.

Quartz transparent. *Quartzum solidum, pellucidum.* W A L L. *Quartzum rupestre, hyalinum, pellucidum.* L I N N.

Ce quartz est tantôt en masses qui paroissent composées de feuillets vi-treux très - transparens; tel est celui qu'on nomme *crystal de Madagascar :* quelquefois il est composé de petits grains qui se peuvent séparer aisément ; il a assez de ressemblance avec le grais, dont il ne diffère que par la transpa-rence : on le trouve décrit sous le nom de quartz en grains, *quartzum granula-tum cohærens.* W A L L. *Quartzum granu-latum.* L I N N. On trouve souvent dans la terre & dans les eaux de certains

Tome I. O

fleuves, le quartz roulé en morceaux arrondis ; les cailloux de Médoc, du Rhin, d'Alençon, de Cayenne, font de cette efpèce : ces quartz font des plus beaux ; leur tiffu ne paroît point feuilleté ; ils font communément durs, & reçoivent bien le poli. Le quartz fe trouve auffi cryftallifé, tantôt en pyramides très-courtes, tantôt en petits cryftaux irréguliers: on le nomme cryftal vermiculaire, *Quartzum cryftalliza-tum, irregulare.* WALL.

ESPECE III.

Cryftal de roche. *Cryftallus hexagona, non colorata.* WALL. *Nitrum lapido-fum, quartzofum, octodecaedrum.* LINN.

Le cryftal de roche eft communé-ment parfaitement tranfparent ; il eft cryftallifé en prifmes à fix côtés ; & les pointes font des pyramides à autant de faces ; lorfqu'une des deux pointes eft cachée, la pierre fe nomme cryftal de roche à une pointe, *cryftallus montana apice uno.* WALL. Mais fi toutes les deux font apparentes, & ont la figure pyramidale, c'eft le cryftal de roche à deux pointes, *cryftallus montana utrinque acuminata.* On trouve des cryftaux de roche formés de deux pyramides jointes bafe à bafe, fans être féparées par un prifme. Celui que M. d'Arcet dit fe trouver dans le comté de Maramaros en Hongrie, & qu'il croit être le diamant d'Hongrie, eft de cette efpèce. Quelquefois les cryftaux de roche font en prifmes triangulaires, terminés par des pyramides femblables.

Enfin, on trouve des cryftaux qui font creux dans leur intérieur, & remplis d'une matière étrangère, *cryftallus montana, cavitate fexangulari.* WALL. *Nitrum lapidofum, quartzofum, cavum.* LINN.

E S P E C E IV.

Quarts tranfparent jaune, fauffe topafe. *Quartzum pellucidum, flavum.* WALL. *Nitrum lapidofum, quartzofum, octodecaedrum, flavum.* LINN.

On trouve cette pierre en maffe ou

en cryftaux. Wallérius, fous cette feconde forme, l'appelle *cryftallus hexagona flavefcens.*

E S P E C E V.

Quartz tranfparent, d'un jaune verdâtre. Fauffe chryfolite. *Pfeudo-topafius
virefcens.* WALL. *Nitrum lapidofum,
quartzofum, octodecaedrum, viridius.*
LINN.

E S P E C E VI.

Quartz tranfparent verd. Fauffe émeraude. *Quartzum pellucidum viride.*
WALL. *Nitrum lapidofum, quartzofum, octodecaedrum, viride.* LINN.

Cette pierre fe trouve en maffe ou
cryftallifée. Wallérius a décrit cette
feconde forme fous le nom de *cryftallus hexagona virefcens.*

E S P E C E VII.

Quartz tranfparent d'un verd bleuâtre:
fauffe aiguemarine. *Pfeudofmarag-
dus, beryllinus.* WALL. *Nitrum lapidofum, quartzofum, octodecaedrum,
cyaneum.* LINN.

ESPECE VIII.

Quartz tranfparent bleu, faux faphir. *Quartzum pellucidum, cœruleum.* WALL. *Nitrum lapidofum, quartzofum, octodecaedrum, cœruleum.* LINN.

Lorfqu'elle fe trouve en cryftaux, Wallérius la nomme *cryftallus hexagona faphirina.*

ESPECE IX.

Quartz tranfparent rouge, faux rubis. *Quartzum pellucidum, rubrum.* WALL. *Nitrum lapidofum, quartzofum, octodecaedrum, rubrum.* LINN.

Lorfqu'elle eft cryftallifée, Wallérius la nomme *cryftallus hexagona rubefcens.*

ESPECE X.

Quartz tranfparent violet, fauffe améthyfte. *Quartzum pellucidum violaceum.* WALL. *Nitrum lapidofum, quartzofum, octodecaedrum, violaceum.* LINN.

Cette pierre fe trouve en maffe ou cryftallifée; Wallérius la nomme dans ce dernier état, *cryſtallus hexagona, violacea.*

E S P E C E XI.

Quartz tranſparent d'un rouge jaunâtre, fauſſe hyacinthe. *Pſeudorubinus, hyacinthinus.* WALL.

E S P E C E XII.

Quartz tranſparent d'un rouge obſcur, faux grenat. *Quartʒum fuſcum, granaticum, friabile.* WALL.

Ce quartz eſt communément en petits cryſtaux, comme des grenats ; mais plus tendre.

E S P E C E XIII.

Quartz tranſparent noir. Cryſtal noir. *Quartʒum pellucidum, nigrum.* WALL. *Nitrum lapidoſum, quartʒoſum, octodecaedrum, nigricans.* LINN.

Lorſque cette pierre eſt cryſtalliſée, Wallérius la nomme *cryſtallus nigra.* On donne à tous les cryſtaux colorés, le nom de *priſmes*, en y ajoutant le nom de la pierre précieuſe qu'ils imitent.

Le quartz & certains cailloux tranfparens, qui ne font que des morceaux
de quartz roulé, blanchiffent au feu,
& deviennent beaucoup plus friables,
comme l'a remarqué M. d'Arcet ; tandis que le cryftal de roche ne perd rien
de fa tranfparence.

La plupart des cryftaux colorés,
perdent leur couleur à un très-grand
feu ; mais aucune de ces pierres ne fe
fond.

GENRE IV.

Pierres vitreufes, tranfparentes &
dures. Pierres précieufes. *Gemmæ.*

Les pierres précieufes ont en général beaucoup de tranfparence & de
dureté ; mais il y a à cet égard des différences très-grandes, non-feulement
entre les différentes efpèces de pierres,
mais encore entre les différens individus d'une même efpèce : auffi le caractère de leur dureté, n'eft-il pas fuffifant
pour les faire diftinguer : la forme ré-

gulière qu'elles peuvent affecter, n'eſt pas aſſez conſtante pour ſervir de guide dans l'arrangement de ces pierres. Le feu ſeroit bien de tous les moyens, le plus propre à développer la véritable nature de ces corps; mais il n'a encore été appliqué qu'à un petit nombre, & paroît agir à peu près de la même manière, ſur des pierres fort différentes par la couleur, la tranſparence, la dureté; tandis qu'il agit très-différemment ſur des pierres qui ſe reſſemblent parfaitement à beaucoup d'égards. La dureté, la forme & le feu, n'étant que des moyens inſuffiſans, pour mettre un ordre quelconque dans la diſtribution de ces ſortes de pierres, on peut les diviſer à raiſon de leur couleur.

ESPECE I.

Diamant. *Gemma pellucidiſſima duritie ſummâ, colore aqueo, igne perſiſtens.* WALL. *Alumen lapidoſum, pellucidiſſimum, ſolidiſſimum, hyalinum.* LINN.

Le diamant eſt la plus peſante & la plus

plus dure de toutes les pierres précieuses ; c'est aussi celle dont la transparence est la plus parfaite. La figure des
diamans est ordinairement octaèdre.
Les plus beaux diamans sont absolument sans couleur ; mais il y en a qui
tirent plus ou moins sur le rouge, le
bleu, le verd, le jaune, le noir.

La dureté de cette pierre est telle,
qu'on ne peut l'entamer qu'avec la
poudre même de diamant. Le feu a cependant sur elle plus d'action que sur
toutes les autres pierres vitreuses.
Boyle, après avoir tenté quelques expériences sur le diamant, avoit dit qu'il
se réduisoit en vapeurs par l'action du
feu. Le Grand-Duc de Toscane en fit
exposer au foyer du miroir ardent de
Tschirnausen, & parvint à les volatiliser. L'Empereur François I fit également volatiliser le diamant. Après
vingt-quatre heures de feu, il observa
que cette pierre commençoit par perdre son poli, qu'ensuite elle se feuille-
toit & disparoissoit enfin entièrement.

M. d'Arcet, dans les excellens Mémoires qu'il a publiés, a donné le résultat de ses travaux sur le diamant ; il paroît par les expériences de ce Chymiste ; 1.° que les diamans se volatilisent, même sans le concours de l'air, comme il s'en est assuré en enfermant dans une boule de pâte de porcelaine un diamant qui en remplissoit exactement la cavité : 2.° que les diamans se volatilisent par feuillets, comme on l'avoit remarqué dans les expériences faites à Vienne en présence de l'Empereur ; & que le noyau qui reste sur la fin de l'opération, est encore un diamant parfait : 3.° que les diamans très-durs & un peu colorés, se volatilisent plus difficilement que les autres ; propriété que M. d'Arcet attribue à la matière colorante, qui défend le diamant de l'action du feu : 4.° qu'il n'est pas nécessaire d'employer un feu très-violent pour opérer la volatilisation du diamant, puisque cinq heures de feu dans un fourneau de coupelle, suffisent pour cela : 5.° enfin, qu'une efpèce du diamant, qu'on a dit à M. d'Arcet venir du Bréfil, a fondu en un verre beaucoup plus dur que toutes les autres pierres, & qui paroiſſoit encore être du diamant.

Cette propriété de ſe volatilifer ſuffiroit ſeule pour ſéparer le diamant des autres pierres vitreuſes, s'il ne leur reſſembloit d'ailleurs à tant d'é-gards. Mais il ſuffit, pour faire voir combien il y a loin de cette matière à toûtes les autres, de faire attention aux expériences qui viennent d'être rapportées, & qui ont en partie été répétées pluſieurs fois, depuis la publi-cation des Mémoires de M. d'Arcet. M. Roux a volatiliſé un diamant dans les Leçons publiques de chymie qu'il a faites aux Ecoles de Médecine l'hiver dernier (1770.) M. Macquer a répété l'expérience ſur un diamant qui peſoit $\frac{4}{16}$ de karats. La pierre, quoiqu'un peu jaune, étoit parfaite & taillée en bril-lant. Il s'eſt ſervi du fourneau de M. Pott, avec quelques changemens qu'il y a faits. La capsule dans laquelle il mit le diamant, étoit d'une argille parfaitement réfractaire : après l'avoir fait chauffer, il y mit la pierre, & la laissa quelque temps devant la moufle, afin qu'elle s'échauffât doucement & sans s'éclater : ayant poussé ensuite la capsule au fond de la moufle, il fit un grand feu. Au bout de vingt minutes, il visita son diamant & le trouva pénétré de feu, & brillant d'une espèce de lumière phosphorique. Ce diamant paroissoit entier, & seulement un peu plus gros qu'avant d'avoir été chauffé. Il ferma la moufle, & continua le feu avec la même force. Au bout de quarante minutes, voulant examiner une seconde fois l'état de la pierre, elle étoit entièrement disparue, sans laisser aucun vestige dans la capsule. Cette expérience de M. Macquer, faite en présence de plusieurs Chymistes, au nombre desquels j'eus l'honneur de me trouver, paroît prouver que le diamant se volatilise très-promptement, puisqu'il ne lui a pas fallu une heure de feu, & que cette volatilifation n'eft point un fimple éclatement des parties du diamant produit par la chaleur, puifque le diamant tout pénétré de feu, étoit encore parfaitement entier. M. Rouelle a encore répété cette expérience dans fon laboratoire ; elle a réuffi de même, à quelque différence près dans la durée du feu.

La feule expérience de M. d'Arcet, qui paroît auffi fingulière, pour ne pas dire plus, c'eft la fufion du diamant qu'on dit venir du Bréfil ; car cette propriété bien reconnue, diftingueroit autant le diamant du Bréfil des autres diamans, que ceux-ci des autres pierres. Les mines de diamant font en Afie, dans les Royaumes de Golconde, de Vifapour, de Bengale, fur les bords du Gange, & dans l'Ifle de Borneo : on en trouve auffi en Amérique, dans le Bréfil ; mais ils font beaucoup plus tendres que les autres. Les diamans font communément mêlés à de la terre ;

on les en débarrasse par le lavage ; ils sont couverts d'une écorce grisâtre & obscure. Les Lapidaires appellent diamant de nature, un diamant très-dur, qu'on ne peut point travailler, & qui sert à polir les autres.

ESPECE II.

Saphir. *Gemma pellucidissima duritie tertia, colore cœruleo, igne fugaci.* WALL. *Alumen lapidosum, pellucidissimum, solidissimum, cœruleum.* LINN.

La couleur du saphir varie depuis le bleu très-foncé jusqu'au plus pâle ; les plus bleus sont les plus estimés ; les plus pâles sont ordinairement tendres. Le saphir tient le second rang, pour la dureté, après le diamant : exposé au feu, la pierre perd sa couleur ; mais elle ne se fond pas. On rencontre les saphirs, en petites masses roulées, dans les royaumes de Pégu, de Bisnagar, de Cambaye & dans l'île de Céilan : on en trouve aussi en Bohème, en Silésie, en Saxe. On conserve au Cabinet du Roi des saphirs en crystaux, qui paroissent très-différens de ceux qui se trouvent décrits dans le *Systema Naturæ*.

ESPECE III.

Aigue-marine, ou bérille. *Gemma pellu-cida, duritie decima, colore thalassino, igne liquabilis.* WALL. *Borax lapido-sus, prismaticus, pellucidus, pyramidibus truncatis, cæruleo-virens.* LINN.

L'aigue - marine est d'une couleur bleue, mêlée de verd, ou de couleur d'eau de mer ; c'est de-là qu'elle a pris son nom. Cette pierre est crystallisée en prismes octaëdres, terminées par deux pyramides, souvent tronquées d'un côté ou de l'autre. Wallérius dit que l'aigue - marine se fond au feu ; cette expérience auroit besoin d'être répétée.

On trouve l'aigue - marine aux Indes, en Allemagne & en Bohème.

ESPECE IV.

Emeraude. *Gemma pellucidissima, duritie quinta, colore viridi, in igne permanente.* WALL. *Borax lapidosus, prismaticus pellucidus, pyramidibus truncatis, viridis.* LINN.

L'émeraude est d'un verd pur ; elle tient le cinquième rang après le diamant pour la dureté : une lime bien trempée peut mordre dessus.

L'émeraude exposée au grand feu, comme l'a fait M. d'Arcet, perd sa transparence, une grande partie de sa couleur, & blanchit au point de ressembler au verd de montagne ; ce qui contredit formellement Wallérius. Cette pierre exposée à Florence, au foyer du miroir ardent, perdit sa couleur & fondit promptement.

On trouve les émeraudes en Amérique, près de la nouvelle Carthage : il en vient aussi d'Italie, d'Allemagne & d'Angleterre.

Nous ne connoissons plus les émeraudes que les Auteurs ont nommées *Orientales* ou de *vieille roche*, & qu'ils difoient originaires de Perfe & d'Arabie. On conferve au Cabinet du Roi des émeraudes cryftallifées en prifmes exaëdres, dont toutes les faces font égales.

ESPECE V.

Chryfolite. *Gemma pellucidiffima, duritie fexta, colore viridiflavo, in igne fugaci.* WALL. *Borax lapidofus, prifmaticus, pellucidus, pyramidibus truncatis virens.* LINN.

Cette pierre eft d'un verd jaunâtre; elle eft affez tendre pour pouvoir être entamée avec la lime plus facilement que l'émeraude. Lorfqu'elle eft d'un verd jaunâtre, c'eft la chryfolite proprement dite; lorfqu'elle tire davantage fur le jaune, on la nomme *chryfóprafe*; lorfque la couleur eft d'un verd foncé, lavé d'un peu de jaune, & femblable à celle du porreau, on l'appelle *prafe*; enfin, quand elle eft un peu obfcure & bleuâtre, on l'appelle *chryfoberylle*.

M. d'Arcet fit fondre, en un beau verre clair, le *péridot*, qui paroît être une pierre de même espèce, mais de la dernière qualité. Cette expérience prouve que toutes ces pierres ne sont que des espèces inférieures en qualité à l'émeraude, qui ne se fond qu'au miroir ardent, & qui ne peut, que très-difficilement, être entamée par la lime.

ESPECE VI.

Topaze. *Gemma pellucidissima, duritie quarta, colore aureo, in igne permanente.* WALL. *Borax lapidosus, prismaticus pellucidus, pyramidibus truncatis, flavus.* LINN.

La topaze est une pierre jaune, quelquefois claire, d'autrefois foncée, & approchant de la couleur de l'or : il paroît que Wallérius ne parle que de la topaze Orientale, lorsqu'il dit que sa couleur est fixe au feu. On trouve dans l'excellent Mémoire de M. d'Arcet, plusieurs expériences que ce savant Chymiste a tenté sur différentes topazes.

L'efpèce qu'on nomme *Orientale*, n'a rien perdu de fa couleur, de fon poli, ni de fon jeu. La topaze du Bréfil a blanchi complétement au feu, tant en dedans qu'en dehors ; elle a perdu, non-feulement toute fa tranfparence & fon poli, mais auffi fa dureté ; elle étoit couverte, en fortant du four, d'une légère pellicule, qui paroiffoit avoir été formée par la partie colorante de la pierre. La topaze de Saxe a blanchi comme le quartz ; mais elle a confervé toute fa dureté : aucune de ces topazes ne s'eft fondue ; ainfi elles paroiffent très-différentes des chryfolites dont le péridot eft une variété ; & c'eft mal-à-propos que quelques Auteurs ont confondu ces deux fortes de pierres. On attribue au plomb la couleur de la topaze ; mais on peut y foupçonner la préfence du fer, d'après un procédé communiqué par M. Dumelle, Orfèvre de Paris, à M. Guettard, qui en a fait part à l'Académie des Sciences. Il confifte à faire prendre à la topaze jaune du Bréſil la couleur du rubis balais, en l'expoſant au feu dans un creuſet plein de cendres. M. Guettard dit que la topaze Orientale, traitée de la même manière, ne change pas de couleur, ce qui ſe rapporte parfaitement avec les expériences de M. d'Arcet ſur cette pierre. A l'égard de la topaze blanche du Bréſil; c'eſt à tort qu'on dit qu'elle devient plus jaune au feu : M. Guettard s'eſt aſſuré du contraire, en tenant une de ces pierres expoſée, pendant un très-long-temps, à un feu aſſez fort.

On trouve dans les Cabinets des pierres d'un jaune noir, & comme enfumées : on les connoît ſous le nom de *topaƺes brunes de Bohème*; ce ne ſont que des quartz ainſi colorés, ou de fauſſes topazes.

E S P E C E VII.

Hyacinthe. *Gemma plus minùs pellucida, duritie nona, colore ex flavo rubente.* **WALL.** *Nitrum lapidoſum quartƺoſum octodecaedrum, purpureo fulvum.* **LINN.**

Les Auteurs ont diſtingué quatre va-

riétés parmi ces pierres ; favoir, l'hyacinthe d'un jaune rougeâtre, ou Orientale ; l'hyacinthe d'un jaune de fafran,
ou Occidentale ; l'hyacinthe d'un blanc
jaunâtre , & l'hyacinthe couleur de
miel.

Quoique l'hyacinthe foit affez tendre
pour être entamée avec la lime , elle
ne fe fond pourtant pas au feu , comme
l'a éprouvé M. d'Arcet , elle perd feulement un peu de fa couleur, mais rien
de fa tranfparence & de fa dureté ; ce
qui ne s'accorde pas avec ce qu'en dit
Wallérius, qui avance que ces pierres
entrent en fufion au feu. On trouve les
hyacinthes dans les Indes Orientales ,
aux royaumes de Cananor , de Cambaye & de Calicut : il en vient auffi
des Indes Occidentales : on en rencontre en Europe, dans la Bohème & en
Siléfie.

ESPECE VIII.

Rubis. *Gemma pellucidissima, duritie se-*
cunda, colore rubro in igne permanente.
WALL. *Alumen lapidosum pellucidis-*
sum, solidissimum, rubrum, majus. **LINN.**

Le rubis est après le diamant la plus
belle & la plus dure de toutes les pierres précieuses ; sa couleur est rouge, &
les Joialliers en distinguent de quatre
nuances. Le rubis Oriental, ou escar-
boucle, qui est d'un beau rouge-pon-
ceau fort vif ; le rubis balais, qui est
d'un rouge pourpre-foncé ; le rubis
spinel, qui est d'un rouge-clair, & le
rubicelle, qui tire sur le jaune.

Le rubis Oriental, traité par M.
d'Arcet, n'a rien souffert, ni dans sa
couleur, ni dans sa transparence. Dans
les expériences que l'empereur François I. fit faire à Vienne, ce rubis ne
souffrit aucune altération, de l'action
d'un feu très-violent, continué pendant
trois fois vingt-quatre heures. Le Grand

Duc de Toscane ayant fait expofer un rubis au foyer d'un miroir de Tfchir-naufen, il fe forma, après quelques fecondes, plufieurs bulles à la furface de la pierre, qui paroiffoient comme enduites de graiffe. Au bout de quarante-cinq minutes, elle perdit fa couleur; fes angles & fes facettes s'amollirent. Un autre rubis, après fept minutes de ce feu, fe trouva amolli, au point de recevoir l'empreinte d'un cachet de jafpe. Au bout de quarante-cinq minutes, il devint blanchâtre, & quarante-cinq minutes après, il avoit perdu toute fa couleur ; mais fa forme ne fut nullement changée, quoiqu'il reftât encore trois quarts d'heure expofé à ce feu. La poudre de rubis a pareillement fondu , en réfléchiffant deffus les rayons du miroir, par le moyen d'un fecond verre : mais à ce degré de chaleur confidérable, aucune partie ne s'eft volatilifée : ce qui prouve évidemment que quelque reffemblance que le rubis puiffe avoir avec le diamant, il eſt encore bien éloigné d'être de même nature.

On trouve les plus beaux rubis dans les Indes Orientales, aux royaumes de Pégu, de Biſnagar, de Calicut, & dans l'île de Céilan. On en rencontre auſſi en Bohème, en Siléſie & en Saxe : ils ſont tantôt en maſſes arrondies comme des cailloux, quelquefois ils ont des figures régulières, octaèdres, ou rhomboïdales.

ESPECE IX.

Grenat. *Gemma plus minùs pellucida, duritie octava, colore obſcurè rubro, in igne permanente.* WALL. *Borax teſſellatus, ſolidus, politus, ſcintillans.* LINN.

Le grenat eſt d'une couleur rouge obſcure, les plus beaux échantillons ſe rapprochent aſſez du rubis, & tiennent le milieu entre cette pierre & l'améthyſte ; mais ils ſont beaucoup plus tendres : on les nomme dans le commerce *vermeils* ; ils ne ſont tranſparens qu'au jour, & paroiſſent noirs aux lumières.

Il y a des grenats jaunâtres, qui fe rapprochent de l'hyacinthe ; d'autres tirent fur le violet foncé. On attribue la couleur de ces pierres au mélange du fer & de l'étain : la figure du grenat varie beaucoup. Wallérius en compte fept variétés ; favoir, le grenat rhomboïdal, le grenat octaèdre, le grenat dodecaëdre, le grenat à quatorze côtés, le grenat à vingt, le grenat à vingt-quatre côtés & le grenat de figure indéterminée : le chevalier Von-Linné en compte à-peu-près le même nombre.

M. Pott, dans le premier tome de fa *Lithogéognofie*, rapporte avoir fondu toutes fortes de grenats en une maffe noirâtre. M. d'Arcet a répété l'expérience fur des grenats ; ils ont coulé en une maffe noire, comme l'écaille de fer fondu. Les grenats viennent d'Ethyopie, & des royaumes de Calicut & de Cambaye : on en trouve auffi en Efpagne, en Bohème & en Siléfie.

E S P E C E X.

Améthyſte. *Gemma pellucidiſſima, duri-*
tie ſeptima, colore violaceo, in igne li-
queſcens. WALL.

L'améthyſte eſt d'une couleur violette, tantôt plus pâle & tantôt plus
foncée; quelquefois elle paroît mélée
de rouge. L'améthyſte ſe trouve quelquefois en colonnes hexagonales avec
le quartz, dans les fentes des rochers.
M. d'Arcet a expoſé au feu l'améthyſte
des Indes & celle d'Auvergne; la première a perdu ſa couleur, & eſt devenue tranſparente comme le plus beau
caillou; l'autre a blanchi comme le
quartz; mais aucune ne s'eſt fondue,
comme le prétend Wallérius. Les amé-
thyſtes Orientales ſont très-rares : les
plus communes viennent de Cartha-
gène.

E S P E C E XI.

Tourmaline. *Borax diaphanus, ſubopa-*
cus, purpureus, maximè electricus. LINN.

La tourmaline eſt d'une couleur jaune

noirâtre, à-peu-près comme la topaze de Bohème, qu'on nomme *topaze en-fumée* : il y en a même qui font parfaitement opaques. Cette pierre a la propriété, lorfqu'on la fait chauffer, d'attirer & de repouffer les corps légers qui l'environnent, comme les cendres & les petits charbons : elle a la dureté du cryftal de roche, & prend un poli gras. Il eft fait mention de cette pierre, pour la première fois, dans *l'Hiftoire de l'Académie des Sciences*, année 1717. Ce fut M. Lémeri qui la fit connoître. Depuis M. Æpin, Profeffeur de Phyfique, & de l'Académie Impériale de Pétesbourg, & M. Wilkc, en ont parlé. Enfin, M. le duc de Noya Caraffa, Napolitain, dans une lettre écrite à M. de Buffon en 1759, rapporte un très-grand nombre d'expériences qu'il a faites pour éprouver la vertu électrique de la tourmaline : il réfulte de fon travail, que la chaleur trop grande, comme celle qui eft trop foible, nuifent également à cette propriété, qui a lieu depuis le trentième jusqu'au soixante - dixième degré du thermomètre de M. de Réaumur. Elle agit au travers du papier, & même à l'extrémité d'une verge de fer, dont un bout pose sur la tourmaline chauffée. Cette pierre diffère des autres corps électriques, en ce qu'elle s'électrise par la seule chaleur, même dans l'eau, & ne donne point d'étincelles : elle est attirée par un tube électrisé, au lieu d'en être repoussée. Enfin, deux tourmalines chauffées s'attirent mutuellement, au lieu de se repousser.

M. le duc de Noya fit ces expériences sur deux pierres qui sont actuellement dans les mains de Milord Hamilton, ministre d'Angleterre à Naples : la plus grande de ces deux pierres est de couleur de topaze enfumée & transparente ; la plus petite est d'un brun-noir & parfaitement opaque. La tourmaline ne se trouve que dans l'île de Céilan.

Usage des Pierres précieuses.

On se servoit autrefois en Médecine du rubis, du saphir, de l'émeraude, de la chrysolite, de l'améthyste, de la topaze, des grenats, de l'hyacinthe & même des agates, sous le nom de *fragmens précieux* ; on leur attribuoit des vertus cordiales, alexitères, astringentes : aujourd'hui on ne s'en sert plus ; les Médecins étant bien convaincus que ces pierres n'ont aucune vertu, puisqu'elles ne peuvent nullement se dissoudre dans nos humeurs. La confection d'hyacinthe tient encore son nom de la pierre qu'on y fait entrer ; mais ce n'est point à elle qu'elle est redevable de ses propriétés.

On taille toutes les pierres précieuses à facettes, pour en faire des bagues & des bijoux. Les Lapidaires sont dans l'usage de diviser toutes les pierres en Orientales & en Occidentales ; ils font plus d'attention, dans cette division, à la beauté de la pierre, qu'au pays dont elle vient. Parmi les différentes tailles du diamant, on en distingue sur-tout deux sortes : la taille en brillant & la taille en rose. Le brillant forme deux pyramides jointes base à base, & taillées à facettes sur leurs bords ; le sommet est tronqué, & présente un plan octogone. La pierre étant montée, il n'y a qu'une des deux pyramides de visible, l'autre restant cachée dans le chaton. La rose est un diamant conique, taillé à facettes jusqu'à la pointe, on monte ce diamant sur la base du cône, ensorte que tout est en vue, & que rien ne reste caché dans le chaton. Les diamans taillés en rose, ont beaucoup moins d'éclat que les diamans taillés en brillans : ils sont aussi d'un moindre prix.

L'art imite toutes les pierres précieuses ; on trouve pour cela un grand nombre de procédés dans l'art de la verrerie de Néri, avec les notes de Meret & de Kunkel. Ils se réduisent tous à colorer le crystal avec quelques chaux métalliques qu'on y incorpore par la fufion.

SECTION II.

Pierres calcaires. *Lapides calcarei.*

LES pierres calcaires fe diffolvent dans les acides avec effervefcence ; leurs parties font moins liées que celles des pierres vitreufes ; elles font moins dures, & ne donnent pas d'étincelles lorfqu'on les frappe avec l'acier : elles fe réduifent en chaux par l'action du feu ; mais à fon extrême violence elles fe fondent en verre , fans addition.

GENRE I.

Pierre calcaire tendre qui ne prend pas bien le poli. *Calcareus lapis.* WALL.

La pierre calcaire, ou pierre à chaux proprement dite, eft tendre, parfaitement opaque , & compofée de grains

fi peu liés, que beaucoup d'échantillons ne peuvent point du tout recevoir le poli, & que les plus beaux ne
le reçoivent que mal. Ces pierres font
difpofées par couches parfaitement horizontales; elles forment des carrières
immenfes, & paroiffent toutes de nouvelle formation; car on les rencontre
pleines de coquillages & autres corps
marins, qui paroiffent avoir contribué
pour beaucoup à leur origine.

E S P E C E I.

Pierre à chaux blanche. *Lapis calcareus,
colore albo.* WALL.

Cette pierre a une confiftance plus
ou moins folide. Wallérius en diftingue beaucoup de variétés : favoir, la
pierre à chaux brillante, *lapis calcareus, particulis fcintillantibus.* WALL.
*Marmor particulis granulatis, micanti-
bus.* LINN. La pierre à chaux inégale,
lapis calcareus, particulis difperfis. WALL.
Marmor particulis fpathofo-fquammofis.
LINN. La pierre à chaux compacte,

lapis

lapis calcareus particulis indistinctis.
WALL. *Marmor vagum, solidum, cortice argillaceo.* **LINN**. La pierre de liais
dont on se sert à Paris est de cette
espèce.

ESPECE II.

Pierre à chaux grise. *Lapis calcareus, griseus.* **WALL**.

ESPECE III.

Pierre à chaux, jaune ou brune. *Lapis calcareus, fuscus.* **WALL**.

ESPECE IV.

Pierre à chaux rouge. *Lapis calcareus, rubens.* **WALL**.

ESPECE V.

Pierre à chaux verte. *Lapis calcareus, viridis.* **WALL**.

ESPECE VI.

Pierre à chaux noire. *Lapis calcareus niger.* **WALL**.

ESPECE VII.

Pierre à chaux veinée. *Lapis calcareus venosus.* **WALL**.

Tome I. R

Wallérius appelle la pierre à chaux remplie de coquilles, *lapis çalcareus, conchaceus.*

On peut ajouter aux pierres à chaux tendres, les matières végétales ou animales qui en ont pris le caractère ; tels font les bois pétrifiés calcaires, les madreporites ou madrepores pétrifiés, renfermant les aftroïtes, les tubiporites, les milleporites, les efcarites ou rétéporites, les méandrites ou cérébrites, les alcyonites ou alcyons pétrifiés, les porpites ou efpèce de champignons de mer arrondis en forme de boutons ; les hippurites qui paroiffent d'autres petits polypiers articulés les uns dans les autres ; les corallites.

On doit encore rapporter aux pierres à chaux toutes les coquilles, tant univalves que bivalves ou multivalves ; les trochites entroques, ou aftéries, qui font de petites pierres en étoile, provenantes d'une efpèce de zoophyte, appellé *palmier marin ;* les aftacolites gammarolites ou cancrites, qui font des écrevisses ou crabes pétrifiés; les entomolites ou insectes pétrifiés; les ictyolites ou poissons pétrifiés; les ornitholites ou oiseaux pétrifiés; les amphibiolites ou amphibies pétrifiés; les zoolites ou quadrupèdes pétrifiés; & les anthropolites ou parties humaines pétrifiées. Il faut encore y joindre toutes les pierres figurées, comme les glossopetres, qu'on croit être des dents de requin pétrifiées; les bélemnites qui sont regardées par quelques Auteurs comme des pointes d'oursin pétrifiées, & par d'autres comme des stalactites; les pierres judaïques, qui sont des petits corps olivaires, dont la superficie est quelquefois lisse, & quelquefois marquée de petits points saillans; on les regarde aussi comme des pointes d'oursin; les pierres numismales ou liard de S. Pierre; elles ont reçu ce nom par leur ressemblance avec de petites pièces de monnoie; on croit que ce sont de petites cornes d'ammon pétrifiées & appliquées les unes fur les autres; le Bezoard foffile, qui eft une efpèce de pierre calcaire arrondie, formée de plufieurs couches concentriques; la pierre appellée *ludus helmontii*, qui eft arrondie & couverte de veines faillantes, qui forment une efpèce de réfeau à fa furface. Il y a encore un très-grand nombre de pierres figurées, telles que les pifolites, oolites, méconites, &c. fur les détails defquelles on peut confulter les Auteurs qui en ont traité.

GENRE II.

Marbre. *Marmor.* WALL. *Marmor nitidum.* LINN.

Le marbre eft plus dur que la pierre à chaux; il eft fufceptible d'un plus beau poli; on le rencontre communément en maffes dont le grain eft fin; quelquefois il paroît compofé de plufieurs petites maffes arrondies, liées par un fuc de même nature, on le nomme alors *bréche.* On en trouve auffi qui pa-

roît contenir des coquilles qui ont confervé leur forme ; les Italiens l'appellent *lumachella* On diftingue encore parmi les marbres ceux qui portent des deffins de plantes ou d'autres
corps, & qu'on appelle *marbres figurés;*
ils ne font pas auffi fufceptibles du poli
que les autres : il y en a parmi ces derniers, qui ne font prefque pas d'effervefcence avec les acides, & qui font
affez durs pour donner quelques étincelles, lorfqu'on les frappe avec l'acier.

E S P E C E I.

Marbre blanc pur. *Marmor unicolor al-*
bum. WALL. *Marmor particulis fub-*
impalpabilibus, opacum, compactum,
poliendum, album feu parium. LINN.

Il y a des échantillons de ce marbre
dont le grain eft plus ou moins fin. Lorfqu'il eft un peu gros & tranfparent,
on lui donne le nom de *marbre falin.*

E S P E C E II.

Marbre blanc varié. *Marmor variega-tum album.* WALL *Marmor particulis subimpalpabilibus , opacum, compac-tum , poliendum , maculatum , album feu Africanum.* LINN.

E S P E C E III

Marbre gris. *Marmor unicolor venetum.* WALL. *Marmor particulis fubimpal-pabilibus , opacum, compactum, polien-dum , cinereum , feu venetum.* LINN.

E S P E C E IV.

Marbre gris varié. *Marmor variegatum venetum.* WALL.

E S P E C E V.

Marbre jaune. *Marmor unicolor flavum.* WALL. *Marmor particulis fubimpal-pabilibus , opacum , compactum , po-liendum , flavum , feu phengites.* LINN.

Le jaune antique , & le jaune de Sienne font de cette efpèce.

ESPECE VI.

Marbre jaune varié. *Marmor variegatum flavum.* WALL. *Marmor particulis fub-impalpabilibus , opacum , compactum , poliendum , maculatum , luteum , feu porta fancta.* LINN.
La brocatelle eft de cette efpèce.

ESPECE VII.

Marbre brun. *Marmor unicolor lividum.* WALL. *Marmor particulis fubimpal-pabilibus , opacum , compactum , po-liendum, rufum , feu numidium.* LINN.

ESPECE VIII.

Marbre brun veiné. *Marmor variega-tum lividum.* WALL.

ESPECE IX.

Marbre rouge. *Marmor unicolor rubrum.* WALL.

ESPECE X.

Marbre rouge varié. *Marmor variegatum rubrum.* WALL. *Marmor particulis subimpalpabilibus , opacum , compactum, poliendum, purpurascens seu lesbium.* LINN.

ESPECE XI.

Marbre violet. *Marmor unicolor violaceum.* WALL.

ESPECE XII.

Marbre varié violet. *Marmor variegatum , violaceum.* WALL.

ESPECE XIII.

Marbre bleu. *Marmor unicolor cœruleum.* WALL.

ESPECE XIV.

Marbre bleu varié. *Marmor variegatum cœruleum.* WALL.

ESPECE XV.

Marbre verd. *Marmor unicolor viride.*
WALL. *Marmor particulis subimpal-*
pabilibus , opacum , compactum , po-
liendum , viride seu verdello. LINN.

ESPECE. XVI.

Marbre verd varié. *Marmor variegatum*
viride. **WALL.** *Marmor particulis sub-*
impalpabilibus , opacum , compactum ,
poliendum , maculatum , viride seu la-
cedemonicum. LINN.

ESPECE XVII.

Marbre noir. *Marmor unicolor nigrum.*
WALL. *Marmor particulis subimpal-*
pabilibus , opacum , compactum , polien-
dum , nigrum seu lucullum. LINN.

ESPECE XVIII.

Marbre noir varié. *Marmor variegatum*
nigrum. **WALL.** *Marmor particulis sub-*
impalpabilibus , opacum , compactum ,
poliendum , maculatum , nigrum seu
canariense. LINN.

ESPECE XIX.

Bréche blanche. *Marmor particulis ar-gillofis , ætitis cryftallinis fparfis , album.* LINN.

Il n'eft queftion dans toutes les ef-pèces de bréches , que de la couleur dominante, qu'on nomme le *fond.*

ESPECE XX.

Bréche grife. *Marmor particulis argillo-fis , ætitis cryftallinis fparfis, cine-reum.* LINN.

ESPECE XXI.

Bréche jaune. *Marmor particulis argillo-fis , ætitis cryftallinis fparfis , fla-vum.* LINN.
La bréche d'Alep eft de cette efpèce.

ESPECE XXII.

Bréche violette. *Marmor particulis ar-gillofis , ætitis cryftallinis fparfis , violaceum.* LINN.

ESPECE XXIII.

Bréche verte. *Marmor particulis argil-
losis, œtitis crystallinis sparsis, viride.* LINN.
Le verd antique est de cette espèce.

ESPECE XXIV.

Lumachelle ou marbre de coquilles
gris. *Marmor friabile, particulis crustaceis, cinereum.* LINN.

ESPECE XXV.

Lumachelle jaune. *Marmor friabile, particulis crustaceis, flavum.* LINN.

ESPECE XXVI.

Lumachelle rouge. *Marmor friabile,
particulis crustaceis, rubrum.* LINN.

ESPECE XXVII.

Lumachelle verte. *Marmor friabile, particulis crustaceis, viride.* LINN.

ESPECE XXVIII.

Lumachelle noire. *Marmor friabile, particulis crustaceis, nigrum.* LINN.

ESPECE XXIX.

Marbre figuré de Hesse. *Marmor figuratum Hassiacum.* WALL.

Ce marbre est gris ; il représente des arbres & des buissons, & prend mal le poli.

ESPECE XXX.

Marbre figuré de Florence. *Marmor figuratum Florentinum.* WALL. *Marmor particulis impalpabilibus, opacum, compactum, poliendum, flavicans.* LINN.

Il représente des apparences de ruine.

GENRE III.

Spath. *Spathum.*

Le spath diffère de toutes les autres pierres calcaires par une sorte de transparence plus ou moins parfaite, & par les formes régulières qu'il affecte, & qui sont très-variées. Le spath paroît toujours plus ou moins feuilleté, & n'a jamais l'apparence vitreuſe du quartz. Il fait efferveſcence avec les acides & s'y diſſout entièrement. On ne doit pas confondre dans ce genre le *feld-ſpath*, ou *ſpath des champs*, qui donne des étincelles lorſqu'on le frappe avec l'acier, non plus que les ſpaths vitreux & fuſibles, qui ſont d'une nature toute différente, & qui n'ont de commun avec le vrai ſpath qu'une ſorte de reſſemblance extérieure.

ESPECE I.

Spath tranſparent, ſans couleur. *Spathum pellucidum, molle.* WALL. *Spathum ſolubile, pellucidum, objectis ſimplicibus, vel objecta duplicans.* LINN.

Ce ſpath eſt le plus pur & le plus tranſparent de tous. On le trouve communément cryſtalliſé en rhomboïdes. Il y en a des échantillons qui ont la propriété de doubler les objets qu'on regarde au travers : on nomme ce ſpath *cryſtal d'Iſlande*. On rencontre auſſi des ſpaths cryſtalliſés en cubes, en lames & en filets.

E S P E C E II.

Spath d'un blanc laiteux. *Spathum pellucidum, album.* WALL. *Spathum ſolubile, ſubdiaphanum, compaƈtum, album.* LINN.

Ce ſpath eſt également diſpoſé en lames, en filets, en cubes, en rhomboïdes : on le trouve auſſi aſſez communément cryſtalliſé en colonnes hexagones, ou à un plus grand nombre de côtés : ces colonnes ſont aſſez généralement tronquées, ce qui diſtingue les cryſtaux de ſpath des véritables cryſtaux de roche.

E S P E C E III.

Spath jaune. *Spathum pellucidum, flaveſcens.* WALL. *Spathum ſolubile, ſubdiaphanum, compaƈtum, flaveſcens* LINN.

ESPECE IV.

Spath rougeâtre. *Spathum pellucidum, rubrum.* WALL.

ESPECE. V.

Spath verd. *Spathum pellucidum, viride.* WALL. *Spathum solubile, subdiaphanum, compactum, virescens.* LINN.

ESPECE VI.

Spath noirâtre. *Spathum pellucidum, nigricans.* WALL.

On donne le nom de *pierre porc*, ou *pierre puante*, à quelques échantillons de spath calcaire qui exhalent une odeur fétide.

GENRE IV.

Pierres calcaires formées par l'eau. *Concreta indurata, pori aquei.* WALL.

Parmi les pierres que l'eau forme journellement des portions de matière calcaire qu'elle a détachées & qu'elle charrie avec elle, il y en a qui font tranfparentes & femblables au fpath ; d'autres font parfaitement opaques.

ESPECE I.

Stalaϛtite tranfparente. *Porus aqueus ftillatius in aere fub ftillicidio concretus, pendulus.* WALL. *Stalaϛtites cretaceus tunicato-cruftaceus, apice perforato natrofo.* LINN.

C'eft la plus pure des ftalaϛtites.

ESPECE II.

Stalaϛtite blanche. *Stalaϛtites albus falinus.* WALL.

On peut rapporter à cette efpèce une forte de ftalaϛtite rameufe & blanche, connue fous le nom de *flos ferri. Minera ferri albi germinans.* WALL. *Stalaϛtites marmoreus, ramulofus.* LINN.

ESPECE III.

Stalaϛtite grife. *Stalaϛtites grifeus, calcareus.* WALL.

ESPECE

E S P E C E IV.

Stalactite jaune. *Stalactites flavus.*

E S P E C E V.

Stalactite rouge. *Stalactites ruber ochra-
ceus.* WALL.

Le nom de stalactite est pris ici pour
toutes les pierres formées par l'eau,
qui ont une sorte de transparence ; mais
la plupart des Naturalistes ne le donnent qu'aux portions les plus transparentes qui se trouvent attachées aux
voûtes des grottes souterraines, & y
forment des espèces de culs de lampe,
ou de pyramides renversées ; ces pyramides sont formées de rayons qui con-
vergent autour d'un canal creux, rempli d'une matière terreuse non crystallisée. On appelle *congélations* les morceaux qui coulent le long des parois
des cavernes, & qui sont communément mammelonés. Enfin, on nomme
stalagmites, les portions les plus gros-
sières qui sont tombées sur le plancher

des grottes, à caufe de leur plus grande pefanteur : elles font plus opaques
que les autres.

Toutes ces pierres acquièrent avec
le temps une dureté affez grande pour
pouvoir être polies : on les nomme
alors *albâtre calcaire*. Il eft facile de diftinguer l'albâtre calcaire des marbres,
par fa tranfparence & par les couches
plus ou moins fenfibles qu'on y obferve:
l'épaiffeur de ces différentes couches,
& les nuances qu'on y obferve, on fait
diftinguer une infinité de variétés dans
les albâtres.

ESPECE VI.

Incruftations. *Porus aqueus cruftaceus,
circà alia corpora concretus.* WALL.
Stalactites vegetabilia incruftans. LINN.

Les incruftations font parfaitement
opaques ; les tuyaux des fontaines, qui
charrient des eaux chargées de matière
calcaire, s'en trouvent fouvent remplis :
les plantes qui croiffent dans ces eaux
en font toutes couvertes ; & lorfque

ces incruſtations ont été dépoſées autour des tiges de quelques groſſes
plantes, on les trouve creuſes dans
leur intérieur, & formant un aſſembla-
ge de tuyaux, qu'on a nommé *oſtéocolle,*
ou *pierre des os rompus.*

E S P E C E   VII.

Tuf. *Porus aqueus ſolidus, ſub aquâ minùs vel non fluente, depoſitâ materiâ
concretus.* WALL. *Tophus glareoſo-ar-
gillaceus, polymorphus.* LINN.

Le tuf eſt communément gris. Il eſt
mol au ſortir de ſa carrière, & a une
forte d'onctuoſité : il ſe laiſſe facilement
travailler, & prend en ſéchant beaucoup de ſolidité & de blancheur. Cette
pierre paroît contenir un peu d'argille :
c'eſt une ſorte de marne pierreuſe,
commune en Anjou. On trouve dans
le tuf beaucoup de coquilles pétrifiées.

Analyſe des Pierres calcaires.

Les pierres calcaires ſont formées
d'une terre très-fine, qui, ſuivant l'o-

pinion commune, est produite par la
destruction des coquilles & autres parties animales. Cette terre est souvent
altérée par le mélange du sable, des
matières métalliques, salines ou grasses ;
lorsqu'on l'expose au feu, elle perd,
à-peu-près, la moitié de son poids :
elle devient plus friable qu'elle n'étoit :
on la nomme alors *chaux vive.* Si dans
cet état on la laisse exposée à l'air,
elle se réduit, au bout de quelque temps,
en une poudre légère, qui se trouve
à-peu-près de même poids que la pierre
avant sa calcination : c'est ce qu'on appelle chaux éteinte à l'air.

La chaux vive jettée dans l'eau, y
produit une chaleur & un bouillonnement considérable : la pierre commence
par se fendre, & se réduit ensuite entièrement en une bouillie blanche, qui
se sèche avec le temps, & se met en
poudre. Si on étend d'une grande quantité d'eau cette bouillie encore liquide, on voit paroître à la surface de
la liqueur une pellicule saline, & pres-

que toute la terre se précipite au fond. Cette pellicule enlevée avec soin, il s'en reforme une autre, & la même eau de chaux peut en fournir plusieurs. Si après les avoir enlevées toutes, on examine la terre qui s'est précipitée, on la trouvera dans l'état d'une craie qui n'a nullement les caractères de chaux. Cette craie, calcinée une seconde fois, peut se convertir en chaux vive, & fournir une nouvelle quantité de cette crême saline ; ensorte que par des calcinations répétées, il est possible de convertir en crême saline toute une quantité donnée de pierre à chaux. La crême saline examinée séparément, paroît différer de la pierre à chaux par sa dissolubilité dans l'eau, par la propriété qu'elle a de verdir le syrop de violettes, par la facilité avec laquelle elle décompose le sel ammoniac, même sans le secours du feu, ce que ne fait pas la craie ; enfin, par l'action qu'elle a sur les huiles & sur l'esprit-de-vin.

Toutes ces qualités rapprochent sin-

gulièrement la crême saline de la chaux
des sels alkalis fixes : quelques Auteurs
ont même cru que la pierre à chaux
contenoit une certaine quantité de matière alkaline ; mais il est aisé de se
convaincre que quand il y en auroit,
elle ne contribueroit pas à la formation
de la crême saline. Car la pierre à chaux
qu'on fait bouillir dans l'eau distillée ,
ne fournit point de crême saline : la
chaux parfaitement éteinte à l'air n'en
fournit pas non plus ; ce qui prouve
que cette crême n'existoit pas dans
la chaux même calcinée. La chaux vive
est seule capable d'en produire, & il
paroît qu'elle se forme au moment
même de l'extinction dans l'eau.

M. Frédéric Meyer prétend que la
chaux contient un acide uni à la matière du feu, & dans l'état d'une espèce
de soufre : il nomme cet acide *acidum
pingue* ; il fait dériver de cet acide toutes
les propriétés de la chaux. M. Macbride
attribue une grande partie des propriétés que la pierre à chaux prend dans

ſa calcination , à la perte que cette pierre fait de l'air fixe qu'elle contenoit. Il prétend que cet air ſuffit pour donner de la conſiſtance à la pierre à chaux, & que ce n'eſt qu'en le perdant qu'elle devient friable. Cependant il faut obſerver que la chaux calcinée, quoique moins dure que ne l'étoit la pierre calcaire avant ſa calcination , conſerve pourtant une aſſez grande ſolidité , qu'elle ne perd qu'après avoir attiré une certaine quantité de l'humidité de l'air, qui la pénètre & la réduit en poudre. Le même Auteur aſſure que la diſſolubilité de la chaux dans l'eau, ne vient encore que de la privation de l'air fixe, & qu'en le lui rendant, elle perd cette propriété. Voici l'expérience qu'il apporte en preuve. Il met de l'eau de chaux très-claire dans un flacon, au col duquel il ajuſte un tuyau courbe, qui plonge dans un autre flacon : il mêle dans ce ſecond flacon un acide avec un alkali ; les vapeurs qui s'élèvent de ce mélange venant à tomber dans l'eau

de chaux par le canal de communica-
tion, y occaſionnent un précipité conſidérable. Pour que cette expérience
fût concluante, il faudroit être aſſuré
qu'il ne ſe dégage que de l'air dans l'efferveſcence qui a lieu par le mélange
d'un acide & d'un alkali. Or, il eſt conſtant que dans ces ſortes de combinaiſons
une portion des matières ſalines eſt lan-
cée même aſſez loin, & que cette
portion ſuffit pour précipiter l'eau de
chaux.

L'opinion la plus généralement reçue, eſt que la crême de chaux eſt un
mixte ſalin, qui ſe forme au moment
même de l'extinction de la chaux. Pour
concevoir cela, il ſuffit de faire attention que la pierre calcaire a perdu la
moitié de ſon poids par la calcination ;
que cette portion perdue n'eſt preſque
que de l'eau, que la chaux peut repren-
dre d'une manière lente, ſi on la laiſſe
expoſée à l'air ; mais que ſi on la plonge
dans une grande quantité d'eau, lorſqu'elle eſt encore vive & bien ſèche,

elle

elle abforbe ce fluide avec une très-grande rapidité, & le frottement qui réfulte de cette union, fuffit pour produire une chaleur confidérable. Dans cette action vive de l'eau fur la chaux, les parties terreufes les plus fines de cette fubftance s'uniffent aux molécules intégrantes de l'eau, pour ainfi dire, chacune à chacune; & il réfulte de cette union un fel fimple, mais dans lequel le principe terreux eft furabondant, ce qui lui donne les caractères des alkalis, plutôt que ceux des acides. L'alkali fixe cependant eft en état de précipiter l'eau de chaux; il paroît que cela dépend de la plus grande diffolubilité de l'alkali, qui s'empare de l'eau qui tenoit la crême faline en diffolution. La chaux agit fur le foufre, & le diffout comme les fels alkalis; elle augmente la caufticité des alkalis fixes auxquels on la mêle; elle décompofe le fel ammoniac, & même l'alkali volatil qu'elle en fépare; elle précipite les fels neutres à bafe métallique.

Tome I. T

Usages de la Chaux.

L'eau de chaux sert aux Chirurgiens comme escarrotique ; on la prescrit aussi à l'intérieur, lorsqu'elle est fort étendue d'eau, & dans l'état d'eau de chaux seconde. L'eau de chaux, mêlée à une certaine quantité de dissolution de sublimé corrosif, y occasionne un petit précipité ; la liqueur est trouble & un peu roussâtre : elle est employée par les Chirurgiens, sous le nom d'*eau phagédénique.*

La chaux éteinte contracte avec le sable une union très-intime, & forme le mortier dont on se sert pour bâtir. La chaux éteinte fait avec le blanc d'œuf un lut d'usage en Chymie.

SECTION III.

Pierres argilleuses. *Lapides apyri.* WALL. *Petræ argillaceæ.* LINN.

Les pierres argilleuses sont composées de parties fines, assez étroitement liées enfemble; elles ne font point de feu lorfqu'on les frappe avec l'acier; elles ne produifent point d'effervefcence avec les acides; leur tiffu eft feuilleté comme celui des terres argilleufes; beaucoup d'entr'elles ont de l'onctuofité.

G E N R E I.

Pierres argilleufes, folides & graffes. *Lapis ollaris.* **WALL.**

Les pierres ollaires font dures & prennent affez bien le poli; elles ont une forte d'onctuofité; leur caffure paroît feuilletée; elles ne donnent point d'étincelles lorfqu'on les frappe avec le briquet, & ne font point effervefcence avec les acides. Aucune de ces pierres ne fe fond au feu, comme l'a remarqué M. d'Arcet.

E S P E C E I.

Pierre de lard. *Lardites.* **BOMARE.**

Cette pierre eft graffe, affez tendre, & reçoit bien le poli; elle eft quelquefois blanche; fouvent auffi elle tire fur le jaune ou fur le verd. On en fait à la Chine différentes figures.

ESPECE. II.

Jade, pierre néphrétique. *Gypfum viride, femipellucidum, fiffile.* WALL. *Talcum præpoliendum, viride, fubdiaphanum, particulis fubfibrofis.* LINN.

Le jade a une couleur verte, plus ou moins foncée, olivâtre ou brune; il a l'afpect gras des pierres ollaires, & prend la même forte de poli; il en diffère cependant en ce qu'il eft beaucoup plus dur, ce qui le rend très-difficile à travailler. Cette pierre produit des étincelles lorfqu'on la frappe avec l'acier, ce que ne font pas les autres pierres argilleufes : il paroît que cette propriété ne lui vient que de fon extrême dureté; & c'eft à tort, comme le remarque M. d'Arcet, que quelques Auteurs l'ont rangé parmi les agates; car le jade rougi au feu & jetté dans l'eau, ne fe brife pas; lorfqu'on le pouſſe à la violence du feu, il perd ſa couleur pour en prendre une jaune, ventre de biche ; & loin de devenir plus friable, comme font les agates, il dur-cit au point de donner beaucoup plus d'étincelles qu'il n'en donnoit avant d'avoir ſouffert l'action du feu.

ESPECE III.

Pierre ollaire d'un verd obſcur, marqué de petits points noirs. .Serpentine. *Ollaris ſolidus griſeus , pinguior, politu-ram non admittens.* WALL.

La ſerpentine eſt d'un verd obſcur, marqué de petits points noirs & blancs ; on en fait différens vaſes, auxquels on a fauſſement attribué la merveilleuſe pro-priété de ſe briſer lorſqu'on verſe de-dans des liqueurs empoiſonnées. Cette pierre eſt abſolument infuſible, comme toutes celles de ce genre, & elle prend beaucoup de dureté au feu.

M. d'Arcet rapporte à la claſſe des pierres ollaires, la pierre de chapelet de Galice, qui, étant travaillée, repré-

sente une croix noire, aſſez ſemblable
aux armes de la maiſon de Rohan. On
peut encore ranger dans la même claſſe,
la macle, qui eſt une eſpèce de petite
pierre graſſe, figurée en loſange, qu'on
trouve en Bretagne, quoiqu'elle ſoit
plus fuſible que les autres pierres ollaires; ſa fuſibilité paroiſſant venir d'une
aſſez grande quantité de fer qu'elle contient.

G E N R E I I.

Pierres argilleuſes, tendres & onc-
tueuſes. Stéatites. *Ollaris mollior.*
Wall.

Quoique le nom de ſtéatite ou de
ſmectite appartienne en général à toutes
les pierres qui ſont graſſes au toucher,
il eſt pris ici pour déſigner particulièrement des pierres graſſes, moins dures que les pierres ollaires, & qui paroiſſent plus ſenſiblement feuilletées.

❋

E S P E C E I.

Pierre ollaire, tendre & blanche. Craie de Briançon blanche. *Talcum solidum, semipellucidum, pictorium.* W A L L. *Talcum ungue rasile, albo inquinans.* LINN.

La stéatite blanche a été improprement nommée craie de Briançon ; elle n'a rien de commun avec la craie ; elle diffère des talcs, en ce qu'elle n'est pas aussi feuilletée, qu'elle est plus onctueuse & moins transparente : elle a cependant comme eux la propriété de se fondre, mais très-difficilement.

E S P E C E II.

Stéatite verdâtre. Craie verte de Briançon. *Creta Briançonia, viridis.* W A L L.

E S P E C E III.

Stéatite verte marbrée. *Steatites viridis, variegata.*

Cette stéatite est tendre & très-grasse au toucher.

T 4

ESPECE IV.

Stéatite noire. *Steatites Nigra.*

Cette stéatite est onctueuse, mais moins que la précédente. On s'en sert pour tracer des lignes sur les étoffes : les Italiens la nomment *pietra dei sarti.*

Cette pierre ne fond point au feu comme les autres espèces de stéatite.

ESPECE V.

Stéatite de couleur de plomb. Molybdène. *Mica pictoria nigra, manus inquinans.* WALL. *Molybdænum, triturâ cœrulescente.*

La molybdène, appellée *mine de plomb des Peintres, mine de plomb savoneuse & plombagine*, est une espèce de stéatite ou talc gras, qui salit les doigts lorsqu'on le touche, & les teint d'une couleur de plomb. Plusieurs Minéralogistes ont cru qu'elle contenoit du zinc ; mais cela n'est pas encore bien prouvé.

GENRE III.

Pierres argilleufes feuilletées, opaques & sèches. Schiftes. *Fiſſilis.* WALL. *Schiſtus.* LINN.

Les Auteurs ont donné le nom de *fchifte* à toutes les pierres feuilletées ; mais ce nom eſt pris ici dans une acception moins générale, & fert feulement à défigner les pierres argilleufes, qui ne font point graffes au toucher, & font compofées de feuillets opaques. Les fchiftes ne donnent point d'étincelles lorfqu'on les frappe avec l'acier, mais ils fe fendent tous par l'action du feu.

ESPECE I.

Schifte noir tendre. Ampélites. *Fiſſilis mollior, friabilis, pictorius.* WALL. *Schiſtus fcripturâ atrâ, ater inquinans.* LINN.

Cette efpèce de fchifte eſt noire & exceffivement tendre ; elle fouffre une eſpèce de décompoſition à l'air ; on y trouve beaucoup de pyrites, & ſouvent même de l'alun ; on s'en ſert pour faire des deſſins groſſiers.

E S P E C E II.

Schiſte gris. *Fiſſilis ſolidus , duriſſimus , in lamellas non diviſibilis.* WALL. *Schiſtus ſcripturâ cinereâ.* LINN.

Ce ſchiſte quoique formé de feuillets, ne peut pas cependant ſe partager dans le ſens des lames qui le compoſent, à cauſe de ſa trop grande dureté.

E S P E C E III.

Schiſte rouge. *Schiſtus ſolidus , ruber.*

E S P E C E IV.

Schiſte verd. *Schiſtus viridis.*

E S P E C E V.

Schiſte d'un bleu obſcur. Ardoiſe. *Fiſſilis durus , cœruleſcens , clangoſus.* WALL. *Schiſtus ſcripturâ cinereâ, cœruleſcenti , niger, tumitans.* LINN.

Cette pierre est feuilletée, & se casse aisément dans le sens des lames; on s'en sert pour couvrir les maisons. Quelquefois cette pierre est tendre, on la nomme alors *fissilis mollior.* WALL.

E S P E C E VI.

Schiste noir dur. *Fissilis subtilior, polituram quodammodo admittens.* WALL. *Schistus scripturâ niveâ, ater, impalpabilis, æqualis, fissilis.* LINN.

Ce schiste se trouve désigné sous le nom d'*ardoise de table*; son grain est fin, & assez dur pour recevoir le poli. On en fait des tables ou planches à dessiner.

E S P E C E VII.

Schiste dur, semblable à la pierre ollaire. Pierre à rasoir ou pierre Naxienne. *Fissilis solidus, mollior, lamellis crassioribus.* WALL. *Schistus scripturâ albâ, ater, solidus, poliendus.* LINN.

Ce schiste est ou brun, ou jaune, souvent compofé de deux couches, dont l'une eft brune & l'autre jaune. On fe fert de cette pierre pour repaffer les rafoirs, après l'avoir frottée d'huile. Elle a beaucoup de rapport avec les pierres ollaires ; elle en diffère cependant en ce qu'elle paroît moins graffe, & qu'elle peut fe fondre au feu.

GENRE IV.

Pierres argilleufes tendres, compofées de feuillets tranfparens. Talc. *Talcum.*

Les pierres de ce genre font compofées de feuillets tendres & flexibles, qui ont une tranfparence plus ou moins parfaite ; quoique leur grain foit fin, leur tiffu ne permet pas de les polir. On donne le nom de *talc* à celles d'entre ces pierres, qui font formées de feuillets affez grands ; on les appelle *mica* quand les feuillets font plus petits ; mais elles font abfolument de même nature,

& ne doivent point être regardées comme des genres différens.

ESPECE I.

Talc blanc. *Talcum albicans, lamellis pellucidis.* WALL. *Mica lamellis flexuofis, friabilibus, virefcenti - albidis, diaphaneis.* LINN.

On nomme *verre de Mofcovie*, les échantillons les plus tranfparens de ce talc, & *mica blanc* ou *argent de chat*, ceux qui font compofés de feuillets plus petits.

ESPECE II.

Talc jaune. *Talcum luteum, lamellis opacis, friabiliffimum.* WALL. *Mica lamellis flexuofis, fragilibus, auratis.* LINN.

On trouve fouvent ce talc en petites paillettes jaunes & comme dorées ; on le nomme alors *mica jaune* on *or de chat* : quelquefois on le trouve ftrié. Wallérius le nomme *mica particulis tenuioribus, oblongis, acuminatis.*

E S P E C E   III.

Talc verd. *Talcum viride.* WALL.

E S P E C E   IV.

Talc rouge. *Talcum rubrum.* WALL.

E S P E C E   V.

Talc noir. *Talcum nigrum.* WALL.

On nomme toujours *mica*, les échantillons de ces efpèces, formés de petits feuillets.

Tous les talcs fe fondent en verre fans addition, comme M. d'Arcet l'a fait voir; mais il faut pour cela un feu de la dernière violence. Le talc blanc fe fond moins aifément que celui qui eft coloré. Il eft vraifemblable que les matières colorantes fervent alors de fondans.

G E N R E   *V.*

Pierres argilleufes compofées de filets. Amiantes.

Ce genre en renferme deux, celui de l'asbefte, *Afbeftus*, WALL. & celui de l'amiante, *Amiantus* ; WALL. ces deux pierres ne diffèrent pas essentiellement l'une de l'autre.

ESPECE I.

Amiante blanche à filets flexibles. Amiante mûre. Lin fossile. *Amiantus fibris mollioribus, parallelis, facilè separabilibus.* WALL. *Amiantus fibrosus, fibris separabilibus, flexilibus, tenacibus.* LINN.

Les filets qui composent cette amiante font longs, soyeux, & d'un blanc argentin. Il est facile de les séparer.

ESPECE II.

Amiante blanche à filets durs. Amiante non mûre. *Amiantus fibris rigidioribus, parallelis, non separabilibus.* WALL.

ESPECE III.

Amiante verte à filets flexibles. Asbeste mûre. *Asbestus fibris parallelis, tenacioribus, separabilibus.* WALL.

Cette amiante est d'une couleur grise

verdâtre, & quoique les filets qui la
compofent foient flexibles, ils font
toujours plus caffans que ceux du lin
foffile. La pefanteur de la pierre eft
auffi plus confidérable.

ESPECE IV.

Amiante verte à filets durs & caffans.
Asbefte non mûre. *Asbeftus fibris paral-*
lelis, durioribus, non feparabilibus.
WALL. *Amiantus fibrofus, fibris con-*
natis, angulatis, rigidis, opacis. LINN.

On rencontre dans cette efpèce des
échantillons dont les filets font difpofés en étoiles. *Asbeftus fibris è centro ra-*
diantibus. WALL. Dans quelques-uns
ces filets forment des paquets ou faif-
ceaux. *Asbeftus fibris fafciculatis, è centro*
vario radiantibus. WALL. Dans d'autres
enfin, les filets font difperfés ; on les
nomme asbeftes en épis. *Asbeftus fibris*
fparfis, lapis acerofus. WALL.

ESPECE

ESPECE V.

Amiante blanche à filets entortillés & flexibles. Cuir de montagne. *Amiantus fibris mollioribus, intertextis, in lamellas compactus, levis.* WALL. *Amiantus corticosus, flexilis, membranaceus, natans.* LINN.

Les filets qui composent cette amiante font entortillés & comme feutrés ; ils repréfentent des morceaux de carton ; lorſque les feuilles font plus épaiſſes, on leur donne le nom de chair foſſile. *Amiantus fibris durioribus, in lamellas craſſiores compactus, ponderoſus.* WALL. *Amiantus corticoſus, flexilis, natans* LINN.

ESPECE VI.

Liege foſſile. *Asbeſtus fibris flexilibus, inordinatè ſe intercuſſantibus, leviſſimus.* WALL. *Amiantus corticoſus, flexilis, ſuberoſus.* LINN.

Cette eſpèce d'amiante eſt griſe ; les filets qui la compoſent font fort entortil-

lés & forment des maffes, qui quoiqu'affez volumineufes, font cependant très-
légères, & reffemblent au liege, autant
par la couleur, que par la légèreté.

Toutes les amiantes paroiffent fufibles. M. d'Arcet a fait couler en un
verre noir, mais bien tranfparent, une
amiante filée, & une qui ne l'étoit pas.
Henkel avoit dit que le liege foffile fe
fondoit feul & fans addition : M. d'Arcet
foupçonne que la matière colorante du
liege foffile pouvoit bien aider cette
fufion ; car, ayant répété l'expérience
fur du liege foffile lavé avec foin, il n'a
pu le fondre ; il eft vrai qu'il n'a pas eu
dans cette expérience, tout le feu qu'il
a pu avoir quelquefois. Il y a bien de
l'apparence qu'il fe feroit fondu, puifque la chair de montagne, qui eft une
efpèce fort voifine du liege foffile, a
coulé en verre.

GENRE VI.

Zéolite. *Zeolitus. Stalactites spathofus, rufefcens.* LINN.

La Zéolite eft une pierre d'une nature fingulière, & qui n'a pas encore été déterminée. Elle n'a que peu de pefanteur; fon tiffu paroît comme feuilleté & compofé de filets. On en trouve cependant des échantillons plus denfes, & qui font comme cryftallifés. Lorfqu'on met cette pierre au feu, elle fe fend, & paroît prendre d'abord une efpèce d'enduit vitreux : mais elle ne fond point. J'en ai tenu inutilement pendant cinq heures, au feu le plus violent d'un fourneau capable de fondre très-promptement en verre les fchiftes, & beaucoup d'autres pierres dures. M. Macquer en a expofé au fourneau qui cuit la porcelaine de Sèves, fans qu'elle y ait fondu. La légèreté de la zéolite, fon tiffu feuilleté & fon infufibilité, m'ont engagé à la placer à la ſuite des pierres argilleuſes. Dans la nouvelle *Minéralogie*, attribuée à M. Cronſtedt, la zéolite eſt regardée comme une matière d'une nature ſingulière : l'auteur lui aſſigne pour caractère de ſe durcir lorſqu'on verſe deſſus de l'acide vitriolique. Cette propriété n'eſt pas particulière à la zéolite ; l'arſenic ſe comporte de même avec l'acide vitriolique : il faut dans les deux cas que l'acide ſoit très-concentré. Lorſqu'on emploie un acide minéral quelconque, un peu foible, la zéolite s'y diſſout, & forme une eſpèce de ſel mucilagineux, ou de gelée blanche & bien tranſparente, comme le chevalier Von-Linné en fait mention dans la dernière édition de ſon *Syſtema Naturæ*. Ce caractère gélatineux que prend la zéolite diſſoute dans les acides, n'eſt pas encore particulier à cette ſubſtance : l'étain fait une très-belle gelée avec l'eau régale : le lapis lazuli, après avoir été grillé, en forme une ſemblable avec tous les acides. Quelques Auteurs même n'ont pas fait difficulté de regarder cette pierre comme une espèce de zéolite ; mais elle en diffère à bien des égards, & la propriété qu'elle a de former un sel gélatineux ne lui est pas seulement commune avec la zéolite, mais encore avec la pierre hématite, & la plupart des mines de fer, qui, comme le lapis, ont besoin d'être grillées, tandis que la zéolite n'a pas besoin de ce grillage préliminaire.

ESPECE I.

Zéolite blanche. *Zeolitus albus.*

Cette zéolite est d'un blanc brillant, & comme argentin, elle est communément en filets concentriques ; ces filets sont assez semblables à ceux du gyps soyeux de la Chine. On trouve des échantillons plus compacts ; d'autres paroissent comme crystallisés à leur superficie.

C'est sur la zéolite blanche à filets qu'ont été faites les expériences que je viens de rapporter.

ESPECE II.

Zéolite verte. *Zeolitus viridis.*

Cette zéolite est d'un verd obscur ; elle est disposée en filets, comme la zéolite blanche ; mais les filets sont moins apparens. On fait mention d'une zéolite rouge, je n'ai point eu occasion d'en voir : on n'a trouvé encore la zéolite que dans l'Isle de Féro, en Islande. Cette pierre est en masses isolées, ou attachées à la calcédoine, qui est aussi très-abondante dans ce pays.

SECTION IV.

Pierres de roche. *Saxa.* WALL.

LES pierres de roche sont toutes dures ; elles donnent des étincelles, lorsqu'on les frappe avec l'acier : la plus grande partie paroît composée de grains de différente nature : toutes se fondent en verre sans addition.

GENRE I.

Pierres de roche proprement dites.
Petro-silex. WALL.

Wallérius donne le nom de pierre de roche à une pierre dont le grain est assez semblable à celui du jaspe, plus gros dans quelques échantillons, & plus serré dans d'autres. Cette pierre n'est presque point susceptible du poli; elle n'est point non plus ornée de couleurs vives. Lorsqu'on la casse en fragmens minces, ses bords paroissent avoir une sorte de transparence : enfin, elle se fond au feu, comme l'a démontré M. d'Arcet, ce qui suffit pour la distinguer des jaspes, avec lesquels Wallérius semble avoir eu intention de la réunir.

ESPECE I.

Pierre de roche blanche. *Petro-silex semipellucidus, intrinsecè compactior, mollior.* WALL. *Silex rupestris, cortice lacteo, subdiaphanus.* LINN.

ESPECE II.

Pierre de roche jaune. *Petro-filex opacus, intrinfecè compactus, mollior, flavus.* WALL.

ESPECE. III.

Pierre de roche rougeâtre. *Petro-filex opacus, intrinfecè compactus, mollior, rubefcens.* WALL.

ESPECE IV.

Pierre de roche brune. *Petro-filex opacus, intrinfecè compactus, mollior, obfcurè fufcus.* WALL.

ESPECE V.

Pierre de roche verte. *Petro-filex opacus, intrinfecè compactus, mollior, viridis.* WALL.

ESPECE VI.

Pierre de roche noire. *Petro-filex opacus, intrinfecè compactus, mollior, niger.* WALL

ESPECE

ESPECE VII.

Pierre de roche veinée. *Petro-silex opacus, intrinsecè compactus, mollior, venosus.* WALL.

GENRE II.

Feldt-spath. *Spathum durum, lateribus nitidis, ad chalybem scintillans.* WALL. *Spathum fixum, opacum, rufescens, scintillans.* LINN.

Cette pierre a toute l'apparence d'un spath calcaire ; mais il est aisé de l'en distinguer, en ce qu'elle ne fait point d'effervescence avec les acides : il n'est pas non plus possible de la confondre avec les spaths fusibles, parceque tous sont dissolubles dans l'eau, tandis que cette pierre ne l'est aucunement. Le feldt-spath donne beaucoup d'étincelles, lorsqu'on le frappe avec l'acier : exposé au feu brusquement, il pétille, & finit par se fondre en un beau verre transparent.

Tome I. X

ESPECE I.

Feldt-ſpath blanc. *Spathum pyrimachum, album.* WALL.

ESPECE II.

Feldt-ſpath gris. *Spathum pyrimachum, cinereum.* WALL.

ESPECE III.

Feldt-ſpath rougeâtre. *Spathum pyrimachum, rubrum.* WALL.

GENRE III.

Trapp. *Corneus durior, niger, ſolidus.* WALL. *Saxum impalpabile, ſchiſtoſum, ſubcalcarium, fragmentis rhombeis.* LINN.

Cette pierre, à laquelle Wallérius donne le nom de *roche de corne noire*, eſt décrite dans la nouvelle Minéralogie Suédoiſe, attribuée à M. Cronſtedt, ſous celui de *trapp*, qu'on peut lui conſerver préférablement au nom de *roche de corne*, qui a été appliqué à beaucoup de fubftances fort différentes, & qui, pour la plupart, n'ont prefque aucune reffemblance avec la corne. Le trapp eft parfaitement opaque; expofé au feu, il devient d'une couleur de rouille plus ou moins foncée; & il finit par fe fondre en un verre noirâtre. Cette pierre fe diffout en partie dans les acides minéraux, & dans toutes les épreuves auxquelles on la foumet, elle donne des indices de fer.

E S P E C E I.

Trapp gris. *Trapp cinereus.*

E S P E C E II.

Trapp verd. *Trapp viridis.*

E S P E C E III.

Trapp noir. *Trapp niger.*

G E N R E *IV.*

Pierre d'azur. *Lapis lazuli.*

La pierre d'azur a été rangée parmi les jafpes, par le plus grand nombre des Naturaliftes: en effet, elle en a la

dureté & le grain ; mais elle en diffère par
fa fufibilité ; c'eft auffi par ce caractère,
& par la propriété qu'elle a de donner
des étincelles, lorfqu'on la frappe avec
l'acier, qu'on peut la diftinguer facilement de la zéolite, avec laquelle plufieurs Minéralogiftes l'ont confondue.
La feule reffemblance qui fe trouve entre ces deux pierres, c'eft que toutes les
deux forment un fel gélatineux par leur
diffolution dans les acides ; mais la
zéolite le fait fur le champ, au lieu que
le lapis a befoin d'être grillé ; d'ailleurs cette propriété lui eft commune
avec prefque toutes les mines de fer.
En effet, M. Margraff, célèbre Chymifte de Berlin, a fait voir que cette
pierre en contenoit une très-grande
quantité ; & que c'étoit de-là que dé-
pendoit fa couleur bleue, plutôt que
du cuivre qu'on y avoit fauffement foup-
çonné. Le lapis, diffous dans les acides,
perd fa couleur : les alkalis, verfés dans
cette diffolution, en précipitent une
ocre de fer. Cette pierre mife en pou-

dre, & fublimée avec le fel ammoniac, donne des fleurs jaunes, femblables à celles qu'on nomme *fleurs de fel ammoniac martiales.*

E S P E C E I.

Pierre d'azur. *Jafpis colore cœruleo, alio mixto, cuprifer.* WALL. *Cuprum cœruleum fcintillans.* LINN.

Il y a des échantillons de ce lapis, qui font d'un très-beau bleu; d'autres paroiffent couverts de taches jaunes, qui font produites par les pyrites dont la pierre eft remplie.

E S P E C E II.

Pierre d'Arménie. *Lazuli lapis pallidè cœruleus, pundulis albis.* WALL. *Cuprum cœruleum calcarium.* LINN.

Cette pierre eft d'un bleu clair, parfemé de points blancs. Il n'eft point encore parfaitement prouvé que cette pierre foit un véritable lapis lazuli.

On prépare avec le lapis lazuli, la précieufe couleur nommée *bleu d'outre-*

mer : elle se fait avec la poudre de lapis, qu'on incorpore avec une pâte faite de cire, d'huile de lin & de poix-résine : on broie ce mélange dans de l'eau chaude ; il s'en détache une partie colorante bleue, qui, avec le temps, se précipite au fond de l'eau.

GENRE V.

Schorl, ou Schirl. *Corneus crystallisatus.* WALL.

Le schorl a été regardé par Wallérius comme une roche de corne : on en trouve à la vérité quelques échantillons qui en ont assez l'apparence. Plusieurs Auteurs l'ont regardé comme une pauvre mine d'étain ; d'autres, comme une pauvre mine de fer. On le trouve décrit sous le nom de *basalte*, dans la *Minéralogie* attribuée à M. Cronstedt. Le schorl est fort léger. On le trouve quelquefois crystallisé régulièrement en colonnes à neuf faces inégales, terminées par des pyramides :

quelquefois il eſt ſimplement en longs filets, ou en maſſes informes non cryſtalliſées.

E S P E C E I.

Schorl róugeâtre. *Corneus cryſtalliſatus ruber.* WALL. *Borax lapidoſus, columnaris, politus, pyramidibus triquetris, atrum.* LINN.

Ce ſchorl eſt toujours cryſtalliſé en longs filets, ou en colonnes à neuf faces inégales, terminées par des pyramides triangulaires.

E S P E C E. II.

Schorl verd. *Corneus cryſtalliſatus viridis.* WALL. *Borax lapidoſus, columnaris, politus, pyramidibus triquetris, viride.* LINN.

Ce ſchorl eſt quelquefois parfaitement compact & ſans figure régulière : quelquefois auſſi il eſt cryſtalliſé en colonnes, comme le ſchorl violet ou rougeâtre.

Tous ces ſchorls ſont décrits dans

la nouvelle *Minéralogie* attribuée à M. Cronftedt, fous le nom de *bazalte*. Ce nom a encore été donné à une pierre noire qu'on trouve cryftallifée en prifmes, & difpofée par colonnes, dans le Comté d'Antrim en Irlande, & qu'on appelle communément *pavés de la chauffée des géans*; mais M. Defmarais regarde cette efpèce de pierre comme un produit de volcan.

GENRE VI.

Porphyre. *Jafpis duriffima rubens, lapillulis variis infperfis.* WALL. *Saxum impalpabile, ftriis, punctis maculifque fparfis fpathofis.* LINN.

Le porphyre eft une pierre qui paroît compofée de parties de nature différente. Il donne des étincelles, lorfqu'on le frappe avec l'acier, & fe fond en verre par l'action du feu.

E S P E C E I.

Porphyre rouge. *Porphyr rubens, lapillulis albis.* WALL. *Saxum impalpabile, ſtriis, punctis, maculiſque ſparſis ſpathoſis, purpuraſcens, ſpathis albis.* LINN.

E S P E C E II.

Ecaille de mer. *Porphyr rubens, abſque maculis albis.*

L'écaille de mer a été regardée par quelques Auteurs comme une eſpèce de grais dur. M. d'Arcet dit que cette pierre eſt parſemée de beaucoup de lames très-petites de talc, ou de mica, & qu'étant expoſée au feu, elle y a pris un bon commencement de fuſion ; caractère qui détermine à la ranger avec le porphyre.

E S P E C E III.

Porphyre verd. *Saxum impalpabile ; ſtriis, punctis, maculiſque ſparſis ſpathoſis, viride, ſpathis pallidis.* LINN.

Cette eſpèce reſſemble parfaitement

au porphyre rouge, étant, comme lui, mélangée de taches très-petites, noires & blanches. On en trouve dont le fond eſt de différentes teintes.

E S P E C E IV.

Porphyre d'un verd foncé, tacheté de blanc. *Ollaris ſolidus, vireſcens, ma-culoſus, polituram admittens.* WALL. *Talcum præpoliendum, viridi-macula-tum, opacum, particulis granulatis.* LINN.

Cette pierre, qu'on a pris quelque-fois pour l'*ophites* de Pline, ou pour une ſorte de ſerpentine, eſt d'un verd-foncé, marqué de grandes taches blan-ches, ou d'un verd clair. Elle prend bien le poli, & donne beaucoup d'é-tincelles, lorſqu'on la frappe avec l'acier. Elle fond au feu comme le por-phyre.

E S P E C E V.

Porphyre noir. *Saxum impalpabile, striis, punctis, maculisque sparsis spathosis, niger spathis albis.* LINN.

Ce porphyre **est** varié de grandes taches noires & blanches ; il a été pris par quelques-uns pour un granit.

G E N R E *VII.*

Granit. *Saxum simplex.* WALL. *Saxum spathosum, quartzosum micaceumque.* LINN.

Le granit est composé de parties de différente nature, qui sont très-sensibles ; lorsque les particules qui le composent sont fines & bien liées, il prend une sorte de poli qui n'égale jamais celui du porphyre. Les granits fondent au feu. Les espèces de ce genre sont très-multipliées dans les Auteurs : on peut cependant les réduire toutes à trois.

E S P E C E I.

Le granit blanc ou gris. *Saxum griseum, mixtum.* WALL.

E S P E C E II.

Le granit rouge. *Porphyr rubens, lapillulis nigris.* WALL. *Saxum spathosum, quartzosum micaceumque, rufescens.* LINN.

Cette espèce est le *granito rosso*, ou le *granito delle guglie* des Italiens.

E S P E C E III.

Granit noir. *Saxum nigrum, mixtum.* WALL. *Granites Orientalis.* LINN.

Il est composé de quartz, de spath & de mica noir.

G E N R E *VIII.*

Pudding. *Saxum petrosum, arenaceo-siliceum.* WALL. *Saxum silicibus cretaceis, jaspide connatum.* LINN.

Cette pierre, connue sous le nom

de *pudding* ou *caillou d'Angleterre* , eſt une ſorte de roche compoſée de cailloux liés par un ciment de la nature du granit. Il y en a des échantillons qui prennent bien le poli , & qui ont quelque reſſemblance avec une peau de panthère. On en trouve beaucoup aux environs de Rennes en Bretagne.

CLASSE III.

SOUFRE. *SULPHUR.*

LE soufre est une substance friable, insipide, d'une couleur tantôt rouge, quelquefois blanche ou verdâtre, le plus souvent citronnée. Lorsqu'on le chauffe dans des vaisseaux fermés, il se volatilise en entier sous sa forme naturelle ; mais lorsque l'air a un libre cours dans les vaisseaux, alors il brûle sans laisser de résidu, & se dissipe en une flamme bleue, accompagnée d'une vapeur forte & suffoquante.

Le soufre diffère essentiellement des bitumes, qui laissent une matière charbonneuse après leur déflagration ; c'est mal à propos que les Naturalistes ont confondu ces substances.

On trouve le soufre dans les entrailles de la terre, uni à des matières métalliques dans les mines & dans les pyrites. On le rencontre auſſi pur & mêlé ſeulement à des terres, à des pierres, à quelques petites portions de métal, ou combiné à l'arſenic, &, pour ainſi dire, minéraliſé par lui.

GENRE I.

Soufre pur. *Sulphur nativum, purum, flavum.* WALL. *Pyrites nudus, diaphanus.* LINN.

Le ſoufre pur ſe reconnoît facilement à ſa couleur jaune, qui ſe trouve apparente dans preſque tous les échantillons, & lorſqu'elle eſt moins ſenſible, l'odeur qui eſt particulière à cette ſubſtance la décèle toujours, & plus facilement encore les vapeurs qu'elle répand, lorſqu'on en jette ſur des charbons allumés.

ESPECE I.

Soufre en fleur. *Sulphur vivum, pulveru-lentum, aquis efflorescens.* WALL. *Py-rites nudus, diaphanus, pulvereus.* LINN.

C'est une poudre de soufre très-légère, qui se trouve dans le lit & à la surface de plusieurs eaux minérales, comme celles d'Aix-la-Chapelle.

ESPECE II.

Soufre transparent. *Sulphur vivum, pel-lucidum.* WALL. *Pyrites nudus, dia-phanus, clarus.* LINN.

Ce soufre se trouve uni à des pierres de différente nature ; mais le plus souvent à du spath. Il forme quelquefois des masses irrégulières ; quelquefois il est en beaux crystaux octaëdres bien transparens. On trouve le premier abondamment en Suisse ; l'autre en Espagne. Il se sublime souvent du soufre en stalactites, dans les lieux voisins des volcans. Il faut, pour que ces

stalactites

ſtalactites ſe forment, que les vapeurs du ſoufre ſe ſoient rencontrées pendant qu'elles étoient encore très-chaudes.

ESPECE III.

Soufre mêlé à de la terre. *Sulphur nativum, mixtionis peregrinæ, coloratum.* WALL. *Pyrites nudus, impurus.* LINN.

Le terrein de la Solfatara eſt une eſpèce de marne griſe, légère, fort chargée de ſoufre.

Procédés pour extraire le Soufre.

On retire le ſoufre des mines qui en contiennent beaucoup, en les grillant. En Saxe & en Bohème on l'extrait des pyrites par la diſtillation. Cette opération ſe fait dans des tuyaux de terre, dont l'une des ouvertures eſt plus large que l'autre. On met dans l'ouverture la plus étroite une étoile de terre; on remplit le tuyau de pyrites, puis on ferme l'ouverture la plus large avec un couvercle de terre, aſſujetti par un ſe-

cond couvercle de fer lutté exactement : les tuyaux étant placés fur un
fourneau, on procède à la diftillation.

Le fourneau dont on fe fert eft long ;
il eft compofé de deux murs de pierre
commune, doublés de briques : entre
ces deux murs fe trouve une cavité ou-
verte par les deux bouts, qui forme le
cendrier. Au-deffus de cette cavité on
établit une grille en briques, fur laquelle
on met le feu : ce foyer eft beaucoup
plus étroit que le cendrier, parcequ'on
bâtit fur chacun de ces côtés un petit
mur de briques, fur lequel on pofe
les tuyaux. Le fourneau eft fermé par
un dôme, au-deffus duquel font plufieurs ouvertures qui donnent iffue à la
fumée. Le bout le plus mince des tuyaux
qui eft fermé par une étoile fort du
fourneau par des trous pratiqués fur
le côté ; & il eft reçu dans des caiffes
quarrées de fonte de fer, dont le deffus eft fermé par un couvercle de
plomb : c'eft dans ces caiffes que fe
raffemble le foufre, à mefure qu'il dif

tille. Ce foufre après une feconde diftillation eft fort impur. Pour le raffiner,
on le met dans des cucurbites de fer,
placées dans un fourneau femblable à
celui dans lequel on diftille les pyrites:
les cucurbites font fermées par un col
de terre qui fe courbe un peu, & fort
par les trous qui font aux côtés du fourneau : à chacun des cols de terre, on
ajufte une bouteille de terre percée de
deux trous; l'un eft à la partie fupérieure pour recevoir le col de terre
qui couvre la cucurbite, l'autre eft au
bas, & fert à verfer le foufre dans un
pot de terre placé au-deffous de l'avant-
coulant.

On procède à-peu-près de la même
manière à la folfatara, pour féparer le
foufre de la terre à laquelle il eft mêlé;
mais les vaiffeaux qu'on y emploie,
reffemblent davantage à des cornues.
Le foufre après une première diftillation, eft en maffes poreufes, mêlées
de quelques parcelles de terre ou de
fubftances métalliques; il en eft de

même de celui qu'on retire dans le grillage des mines. Pour le purifier, on le fond de nouveau à une chaleur douce, dans une poële de fer placée sur un fourneau de maçonnerie ; lorsqu'il est parfaitement fondu, on le laisse déposer les parties terreuses & métalliques qu'il contient, puis on le verse dans une seconde chaudière de cuivre, où il forme encore un second dépôt. On verse la partie supérieure dans des moules de bois pour avoir le soufre en canons, tel qu'on le débite dans le commerce : le dépot que le soufre à formé dans la seconde chaudière est gris, on le nomme improprement *soufre vif*.

On peut purifier le soufre une dernière fois, en le faisant fondre à une chaleur douce, & le sublimant dans un appareil de plusieurs pots enfilés qu'on nomme *aludels* : le soufre qui s'y ramasse est parfaitement pur, & sous la forme d'une poudre très-divisée, qu'on nomme *fleurs de soufre*. Le résidu de la sublimation est encore une masse grise ou efpèce de foufre vif qui contient très-peu de cette matière , & beaucoup de corps étrangers qui en altèrent la pureté.

Combinaifons du Soufre.

Un canon de foufre tenu dans la main, craque & fouvent fe caffe : cet effet eft d'autant plus fenfible que la main eft plus chaude & que le foufre fe dilate plus promptement. Le foufre mis dans un creufet fur le feu, fe fond & s'arrange en longues éguilles par le refroidiffement.

Le foufre fondu verfé dans l'eau pendant qu'il eft encore chaud, fe ramaffe en larmes d'un jaune rougeâtre, qui confervent pendant affez de temps un certain dégré de molleffe, qu'elles perdent infenfiblement. L'eau dans laquelle on fait bouillir le foufre, ne l'attaque point du tout ; ainfi on doit regarder comme inutile la préparation du *foufre lavé.*

Le foufre fe diffout dans l'huile de vitriol bouillante, mais à mefure qu'elle fe refroidit, il fe précipite en une pâte verte & molle, qui fe durcit par un entier refroidiffement.

L'alkali fixe diffout le foufre, foit qu'on les fonde enfemble dans un creufet, foit qu'on faffe bouillir fur ce foufre de l'alkali fixe : le produit de cette opération fe nomme *foie de foufre* : il eft fec dans le premier cas, & d'une couleur rouge foncée ; il attire l'humidité de l'air, & fe diffout facilement dans l'eau : après fa diffolution il eft parfaitement femblable au foie de foufre fait par le fecond procédé, ou par la voie humide.

Le foie de foufre diffous dans la plus petite quantité d'eau bouillante, fournit des cryftaux rouges par le refroidiffement.

Le foie de foufre diffout le charbon & toutes les matières métalliques, excepté le zinc. Il précipite en une poudre noire les diffolutions de bifmuth, de mercure & de plomb, & produit différentes encres de sympathie. La vapeur qui s'en élève noircit l'argent ; & la litharge qu'on y mêle se réduit facilement en plomb, sans le secours du feu.

Le foie de soufre étendu d'eau, se décompose seul, & se réduit en tartre vitriolé.

Le foie de soufre sec, mis en poudre sur une assiette de terre & exposé à une chaleur telle qu'il ne puisse se fondre ni même se ramollir, perd toute son odeur, & il ne reste que du tartre vitriolé.

Les acides versés sur le foie de soufre s'unissent à l'alkali ; la liqueur se trouble & blanchit ; on lui donne dans cet état le nom de *lait de soufre :* on lave le précipité aussi-tôt qu'il est déposé : on le nomme *magistère de soufre.* La liqueur qu'on retire de dessus ce magistère, contient un sel neutre, différent suivant la nature de l'alkali qui a opéré la dissolution du soufre & de l'acide dont on s'eſt ſervi pour le pré-cipiter.

La chaux diſſout le ſoufre, comme l'alkali fixe ſec, & l'eau de chaux com-me l'alkali fixe en liqueur.

L'alkali volatil agit auſſi ſur le ſou-fre ; mais il faut que ces deux ſubſtances ſoient très-diviſées & réduites en va-peurs. On diſtille pour cela un mélange de ſoufre, de chaux, & de ſel ammoniac ; le ſel ammoniac eſt décompoſé par la chaux, l'alkali volatil qui s'en dégage, rencontre les vapeurs du ſoufre que le feu volatiliſe, & s'uniſſant à elles, tombe dans le récipient en une liqueur jaune, qui eſt un vrai foie de ſoufre à baſe d'alkali volatil : ce foie de ſoufre expoſé à l'air, répand des fumées blan-ches ; on le nomme *liqueur fumante de Boyle*, du nom de ſon inventeur.

Le foie de ſoufre volatil peut être décompoſé par les acides, & fournir un magiſtère de ſoufre : la liqueur qui ſurnage ce magiſtère, contient un ſel ammoniacal, qui diffère en raiſon de

l'acide

l'acide qui entre dans sa composition.

Les huiles grasses bouillantes dissolvent le soufre : la dissolution froide
forme une masse rouge très-fétide. La
dissolution de soufre dans l'huile de noix,
fait le *baume de soufre de Rulland*.

Les huiles essentielles dissolvent le
soufre en très-grande quantité, sur-tout
lorsqu'elles sont bouillantes ; mais en
se refroidissant, elles en laissent précipiter une partie qui crystallise. La dissolution quoique claire est rouge ; on
la nomme *baume de soufre*, ayant soin
d'y joindre pour épithète le nom de
l'huile qu'on a employée.

L'esprit-de-vin attaque & dissout le
soufre, quand on les unit sous la forme
de vapeurs ; comme on le fait en distillant ces deux matières sous un chapiteau commun , ainsi que l'a indiqué
M. le Comte de Lauraguais.

Le soufre s'unit par la fonte avec presque toutes les matières métalliques ou
demi-métalliques , excepté le zinc,
l'or & la platine. Il rend les métaux

durs, tels que le fer & le cuivre, d'une très facile fufion ; les métaux mols au contraire, tels que le plomb & l'étain, deviennent, en s'uniffant à lui, beaucoup plus difficiles à fondre. Toutes ces combinaifons imitent affez parfaitement les mines métalliques formées par la nature.

Analyfe du Soufre.

Le foufre brûlé fous une cloche, ne fournit que de la flamme & une vapeur acide. La flamme eft formée de principe inflammable & d'eau : la liqueur acide eft différente, fuivant la manière dont on a opéré pour l'extraire. Si le foufre a brûlé lentement, l'acide qu'il produit a de l'odeur, on le nomme *acide fulfureux* ; mais cette odeur fe perd bientôt pour peu qu'on le laiffe à l'air, & il fe convertit en acide vitriolique. Si au contraire on brûle le foufre très-rapidement, on en tire fur le champ l'acide vitriolique pur. Le foufre peut être encore décompofé par le fer. Si les masses sont considérables, elles s'échauffent & le fer se calcine, comme dans l'expérience du volcan artificiel de Lémery. Si l'opération se fait lentement, l'acide du soufre s'unit au fer, & le convertit en vitriol, comme dans l'efflorescence des pyrites martiales.

On peut former artificiellement du soufre, en fondant un mélange de charbon, d'un sel formé par l'acide vitriolique & d'alkali fixe. L'acide vitriolique qui constitue le sel s'unit au phlogistique des charbons, avec lequel il forme un soufre que l'alkali fixe dissout & met dans l'état de foie de soufre : la matière est d'un rouge très-foncé; lorsqu'on la dissout dans l'eau, la liqueur est verdâtre, parcequ'elle tient une portion de charbon dissous à la faveur du foie de soufre. Un acide versé sur cette liqueur, en précipite le soufre qu'on peut, par la sublimation purifier de toute la matière charbonneufe qu'il a entraînée avec lui dans fa précipitation.

La formation artificielle du foufre, la décompofition fpontanée du foie de foufre, & celle qui fe fait par un grillage lent de cette matière, prouvent que l'acide qui conftitue le foufre eft le vitriolique uni au principe inflammable, dans la proportion d'environ quinze parties d'acide contre une de phlogiftique, comme l'a démontré l'illuftre Staal.

Ufages du Soufre.

Le foufre eft employé en Médecine comme incifif & ftimulant ; on s'en fert fur - tout dans certaines maladies de poitrine, comme dans l'aftme humoral.

On prépare avec le foufre lavé, & mieux encore avec les fleurs de foufre & le fucre, des tablettes dont la dofe eft d'un demi gros à un gros.

De toutes les diffolutions de foufre, on n'emploie que celles qui fe font

dans les huiles effentielles de térében-
tine, d'anis ou de fuccin; la dofe eft
par gouttes, de vingt à trente, dans des
potions béchiques incifives, ou in-
corporées avec quelques poudres,
comme dans les pillules balfamiques de
Morton.

On prépare avec le foufre une pom-
made & un onguent dont on frotte
les galeux ; comme ils ont quelquefois l'inconvénient de répercuter l'hu-
meur & de la faire rentrer; ils ne doivent être employés qu'avec circonf-
pection, & par des Médecins inftruits.

Le foufre fert dans l'artifice; il eft
un des ingrédiens de la poudre à canon,
& de la poudre fulminante; les vapeurs
qu'il exhale en brûlant blanchiffent les
étoffes de laine & de foie; elles arrê-
tent la fermentation des vins.

CLASSE IV.

SELS. *SALIA.*

LES plus habiles Chymistes ont jusqu'aujourd'hui regardé les limites de la classe des sels comme indéterminées, & probablement comme assez indéterminables. En effet, les caractères essentiels des substances salines, comme la saveur & la dissolubilité dans l'eau, appartiennent à plusieurs corps qu'on n'a point rangés parmi les sels : tels sont le foie de soufre, les savons, les gommes, qui possèdent ces qualités dans un degré très-marqué. Mais pour ne pas s'écarter des notions reçues, on peut diviser la classe des sels en deux sections.

SECTION I.

Sels simples. *Salia simplicia.*

LES sels simples n'ont reçu ce nom que par comparaison avec d'autres plus composés. Ils ont les propriétés salines, dans un degré assez éminent pour les pouvoir communiquer à des corps qui ne sont pas salins.

GENRE I.

Sels acides. *Salia acida.*

Les sels acides sont de toutes les matières salines les plus pures & les plus parfaites. Leur saveur est forte, & va jusqu'à détruire les parties qu'ils touchent. Ils se dissolvent dans l'eau avec une facilité telle qu'il n'a pas encore été possible de les obtenir bien purs ni autrement que sous une forme fluide ; dès qu'ils sont exposés à l'air, ils en attirent puissamment l'humidité ; lorsqu'ils sont étendus d'eau, ils n'ont plus qu'une faveur aigre. Ils rougiſſent les teintures bleues végétales, comme celles de tournesol & de violettes. Ils s'uniſſent avec efferveſcence aux terres & aux pierres calcaires, aux ſels alkalis, ſoit fixes, ſoit volatils ; ils diſſolvent les matières métalliques, & agiſſent fortement ſur les huiles & ſur l'eſprit-de-vin.

E S P E C E I.

Acide vitriolique. *Acidum vitriolicum.*
Acidum catholicum craſſius. WALL.

L'acide vitriolique, qu'on nomme auſſi acide univerſel, eſt le plus parfait de tous les ſels. Lorſqu'il eſt bien pur il eſt ſous la forme d'un fluide, qui n'a ni couleur ni odeur, & dont la conſiſtance approche aſſez de celle de l'huile ; c'eſt pour cela que les Chymiſtes l'ont nommé *huile de vitriol.* La peſanteur de cet acide eſt un peu plus que double de celle de l'eau ; ſa ſaveur eſt ſi forte qu'il cautériſe tout ce qu'il touche ; expoſé à l'air, il en attire puiſſamment l'humidité, & s'en charge de deux fois son poids. Lorsqu'on en verse dans de l'eau, on entend un sifflement pareil à celui que produiroit un fer rouge qu'on y auroit plongé, & il s'excite dans la liqueur un bouillonnement & une chaleur d'autant plus forte, que le mélange a été fait en quantité plus considérable. Ce sel change en rouge la couleur bleue du syrop de violettes ; mais il n'en détruit pas pour cela le principe colorant, puisqu'on peut, en ajoutant un alkali, rendre au syrop sa première couleur.

Origine de l'Acide vitriolique.

On ne rencontre en aucun endroit l'acide vitriolique pur : on avoit prétendu qu'il existoit dans l'athmosphère, & qu'il étoit facile de le démontrer, en exposant à l'air des linges imbibés d'une lessive d'alkali fixe, qui, au bout d'un certain temps, se trouvoient couverts d'une espèce de sel neutre formé par l'union de l'alkali fixe à l'acide vitriolique de l'air ; mais cette expérience répétée avec le plus grand soin, par de très-habiles Observateurs, ne réussit point lorsqu'on emploie de l'alkali fixe bien pur.

L'acide vitriolique se trouve plus communément combiné à quelques corps, comme au principe inflammable, aux sels alkalis, aux terres, aux métaux, aux huiles.

On peut séparer l'acide vitriolique qui se trouve uni au phlogistique, en faisant brûler très-rapidement le soufre qui résulte de cette combinaison, & rassemblant les vapeurs qui s'élèvent pendant la déflagration, à l'aide de l'eau également réduite en vapeurs. Les sels vitrioliques qui ont pour base un alkali, ne se laissent point enlever leur acide par le feu ; ceux qui ont une terre pour base, ne se laissent non plus décomposer que très-difficilement ; mais l'union de l'acide vitriolique aux matières métalliques n'étant pas aussi

forte, les vitriols peuvent affez aifément fournir leur acide par la diftillation : c'eft fur-tout du vitriol de fer
qu'on le retire avec plus d'avantage
& moins de frais ; l'opération exige
cependant un feu de réverbère violent
& continué pendant plufieurs jours.

L'acide qui fe fépare du fer, entraînant avec lui une portion du phlogiftique de ce métal, prend une couleur
noire, & une odeur d'acide fulfureux ;
les dernières portions qui paffent dans
la diftillation, font les plus concen-
trées ; elles ont une confiftance folide,
& on leur a donné le nom d'huile de
vitriol glaciale.

L'acide vitriolique devient noir, toutes les fois qu'il touche quelques corps
abondans en phlogiftique ; mais il eft
facile de lui enlever cette couleur, en
le rectifiant à un degré de chaleur capable de le faire bouillir. On le met
pour cela dans une cornue de verre,
à laquelle on ajufte un récipient ; la
première portion qui diftille eft légè-

rement acide ; mais fon acidité augmente de plus en plus : on nomme ce produit *efprit de vitriol*. La liqueur qui refte dans la cornue devient d'autant plus blanche que la diftillation avance davantage ; toute la matière colorante fe diffipe en un acide fulfureux, & la portion qui étoit dans l'état d'huile de vitriol glaciale, devient fluide.

Combinaifons de l'Acide vitriolique.

L'acide vitriolique bien pur & dans un état de ficcité parfaite , combiné exactement avec le principe inflammable, produit le foufre; mais lorfque cet acide eft aqueux, & qu'il ne s'unit que foiblement à une petite quantité de phlogiftique, il en réfulte l'acide fulfureux.

De l'union de l'acide vitriolique aux alkalis, foit fixes, foit volatils, fe forment des fels neutres différens.

Cet acide décompofe le borax, & en dégage un fel connu fous le nom de *fel fédatif*.

L'acide vitriolique fe combine facilement avec les matières terreufes, &
forme avec les terres vitreufes, des
glaifes ou de l'alun ; avec les terres
calcaires il fait des félénites, des gyps,
des fpaths fufibles, des albâtres gyp-
feux, des pierres à plâtre.

Il attaque toutes les matières demi-
métalliques ou métalliques , excepté
l'or & la platine, & leur communique
des propriétés falines. On donne à tous
ces fels le nom de *vitriols*.

L'acide vitriolique décompofe tous
les fels neutres formés par l'union des
autres acides à une bafe quelconque.

Il épaiffit les huiles graffes, & forme
avec elles une efpèce de favon acide. Il
a une action bien plus vive fur les huiles
effentielles, qu'il convertit en un bitu-
me noir & folide.

Une partie d'acide vitriolique, avec
trois parties d'efprit-de-vin digérées
lentement, forment ce qu'on nomme
l'eau de Rabel ; dans ce mélange l'acide
contracte une forte d'union avec l'ef-

prit-de-vin, & s'adoucit en partie ; mais lorſque l'huile de vitriol eſt bien con-centrée , & qu'on la mêle avec ſon poids d'eſprit-de-vin bien rectifié, elle produit une grande chaleur, & ſi on ſoumet le mélange à la diſtillation , l'acide achève de décompoſer l'eſprit-de-vin.

Il coagule les ſucs muqueux des vé-gétaux, les humeurs des animaux, & diſſout la ſubſtance terreuſe des os.

Analyſe de l'Acide vitriolique.

L'impoſſibilité de décompoſer l'acide vitriolique, ſa ſaveur violente, ſon ex-trême diſſolubilité dans l'eau, la force avec laquelle il adhère aux corps qui lui ſervent de baſe , l'ont fait regarder par Stahl comme un ſel principe qui ſert de baſe à tous les autres. Ce ſel eſt, ſuivant l'opinion de cet illuſtre Chy-miſte, un compoſé de l'union intime des principes aqueux & terreux.

Quoique ce ſyſtême, le plus brillant & le plus ingénieux qu'ait inventé la

Chymie, ne porte pas fur des faits, &
qu'il ne puiſſe être démontré par des
expériences ; il n'en eſt pas moins vrai
de dire qu'il eſt très-ſatisfaiſant, & qu'il
cadre parfaitement bien avec un nombre infini de phénomènes chymiques.

Il eſt d'abord aſſez généralement
avoué, quoique cela ſouffre exception
dans quelques cas, qu'une ſubſtance
compoſée de deux principes différens,
participe de la nature des principes qui la
conſtituent, & a des propriétés moyen-
nes entre celles des corps qui la compoſent. Or, l'acide vitriolique a, lorſqu'il eſt bien pur, la tranſparence de
l'eau la plus limpide, & du verre le
plus net ; ſa peſanteur beaucoup plus
grande que celle de l'eau, eſt infiniment moindre que celle de la terre : on
en peut dire autant de ſa fixité. Il eſt
poſſible de faire paſſer cet acide en entier dans la diſtillation, propriété que
n'a pas la terre ; mais cette volatiliſa-
tion ne peut s'opérer qu'à un degré de
chaleur bien ſupérieur à celui qui pro-

duit l'évaporation de l'eau. Les parties de l'huile de vitriol bien concentrée, adhèrent entr'elles beaucoup plus fortement que celles de l'eau, & beaucoup moins que celles qui conftituent les pierres dures. Enfin, l'extrême facilité avec laquelle cet acide s'unit à l'eau & aux terres, indique que ces matières entrent dans fa compofition.

Les feules propriétés qu'on trouve dans l'acide vitriolique, & qui femblent le diftinguer des principes aqueux & terreux, font fa faveur fingulièrement cauftique, & l'action diffolvante qu'il a fur certaines matières, qui ne font attaquées, ni par l'eau, ni par les fubftances terreufes ; mais cette caufticité dépend entièrement de l'état dans lequel l'élément terreux fe trouve dans l'acide vitriolique. La terre que les anciens Chymiftes appelloient *principe paffif*, eft, comme le remarque le favant Auteur du *Dictionnaire de Chymie*, le plus actif de tous. Selon cet illuftre Ecrivain, les particules terreufes ont

entr'elles

entr'elles une force d'attraction très-grande, en raison de leur pesanteur, & conséquemment une très - grande tendance à se combiner ; tendance qui ne cesse que lorsque ces particules viennent à s'unir : alors elle se change en force de cohérence. Cela posé, les molécules de terre qui entrent dans la composition de l'acide vitriolique, n'é-tant pas unies entr'elles, mais attachées aux molécules d'eau qui s'y trouvent interposées, il est clair qu'elles con-servent toute leur force d'attraction : si dans cet état elles viennent à toucher les papilles nerveuses, elles les pénè-trent avec toute la force qu'elles ont à se combiner, & il en résulte la saveur, qui n'est qu'un ébranlement causé aux nerfs de l'organe du goût ; mais si cet acide vient à toucher un métal, ou tout autre corps, il se combine avec lui for-tement ; & si la quantité d'eau est suffi-sante pour tenir en suspension la terre du métal avec celle qui constituoit l'a-cide, il en résulte une dissolution du

Tome I.   A a

métal dans l'acide; lorfqu'au contraire la quantité d'eau eft trop petite, une partie de l'acide fe précipite avec le métal, & on obtient une maffe faline concrète.

A toutes ces vraifemblances, on peut ajouter les expériences qu'on a tentées pour la converfion des fubftances falines ; & quoiqu'on n'ait point encore de moyens de les changer toutes les unes dans les autres, on vient cependant facilement à bout de convertir l'acide vitriolique en acide fulfureux, & l'acide fulfureux en acide vitriolique.

M. Piech, dans un *Mémoire fur l'origine de l'acide nitreux*, couronné par l'Académie de Berlin, rapporte qu'ayant combiné l'acide vitriolique avec des matières végétales & animales fufceptibles de putréfaction, il s'étoit changé en acide nitreux.

Plufeurs phénomènes que préfente l'acide marin uni à l'étain dans la liqueur fumante de Libavius, lorfqu'on en forme l'éther marin , rapprochent cet acide de l'acide vitriolique.

L'odeur d'acide marin , qui se fait sentir lorsqu'on fait bouillir du tartre vitriolé ou du sel de glauber dans l'eau-forte, prouve assez que tous ces sels ne diffèrent les uns des autres que par la surabondance ou le défaut de quelques principes.

D'ailleurs , quoique l'art ne puisse composer l'acide vitriolique , en unissant immédiatement l'eau & la terre , il est déja parvenu à former un sel par l'union de ces deux principes, comme on le voit dans la formation de la crême saline de la chaux ; & il réduit également un sel acide en ses élémens, dans la détonnation du nitre.

Usages de l'Acide vitriolique.

On prescrit en Médecine l'acide vitriolique étendu dans une boisson quelconque , jusqu'à une agréable acidité ; il tempère le mouvement des humeurs, & convient dans les fièvres ardentes.

Les chapeliers s'en servent pour ramollir les poils de lièvre, de caſtor, & lier leurs feutres.

Les teinturiers l'emploient dans les teintures bleues & noires.

E S P E C E II.

Acide nitreux. *Acidum nitroſum.*

L'acide nitreux tient le ſecond rang parmi les ſels ; il eſt toujours fluide ; ſa couleur eſt d'un brun-rouge ; il répand continuellement des vapeurs de même couleur, qui exhalent une odeur forte & nauſéabonde : la ſaveur de cet acide eſt très - cauſtique. Il jaunit la peau lorſqu'il la touche, & les taches qu'il y produit ne s'en vont qu'avec l'épiderme ; ſa peſanteur excède d'un tiers celle de l'eau ; expoſé à l'air, il en attire l'humidité, moins cependant que l'acide vitriolique ; il s'échauffe auſſi moins lorſqu'on le mêle avec l'eau, & prend une couleur verte, qu'il garde tant qu'on le conſerve dans un flacon bien fermé ; mais il la perd bientôt, ſi on le laiſſe dans un vaiſſeau ouvert,

& cesse de répandre des vapeurs : dans cet état on le nomme *eau-forte*. L'acide nitreux versé sur le syrop de violettes, le rougit, & détruit tellement le principe colorant de ce syrop, qu'il n'est plus possible de le rétablir dans sa première couleur.

Origine de l'Acide nitreux.

On ne rencontre jamais l'acide nitreux pur & jouissant de ses droits, mais toujours engagé dans une base alkaline ou terreuse, dont on peut le séparer, soit par la calcination dans un creuset, soit en distillant les sels nitreux seuls, ou avec un intermède propre à faciliter leur décomposition, comme le sable, l'argille, l'acide vitriolique pur, ou engagé dans quelque base métallique, le sel sédatif & l'arsenic.

Combinaison de l'Acide nitreux.

L'acide nitreux, uni au principe inflammable dans l'état de siccité, forme un foufre nitreux , qui s'embrafe au moment même de fa fermentation ; enforte qu'il eft impoffible de recueillir ce foufre , comme on obtient celui qui réfulte de la combinaifon de l'acide vitriolique , avec ce même principe in-flammable.

L'acide nitreux , joint aux alkalis fixes ou volatils , forme des fels neutres différens.

Verfé dans la diffolution du borax , il le décompofe & en fépare un fel connu fous le nom de *fel fédatif.*

Il décompofe tous les fels neutres formés par l'union de l'acide marin à une bafe quelconque : il dégage l'acide vitriolique du tartre vitriolé , & du fel de glauber.

Il diffout les fubftances terreufes , & forme avec elles des fels neutres , qui ne cryftallifent que difficilement , & qui attirent l'humidité de l'air. Il diffout auffi toutes les matières métalliques , excepté l'or & la platine ; il coagule les fucs exprimés des végétaux.

Lorsqu'on l'applique aux huiles, il a fur elles beaucoup plus d'action que n'en a l'acide vitriolique ; car il enflamme, plus ou moins promptement, toutes les huiles effentielles, celles qu'on retire des végétaux diftillés à feu nud, & que les Chymiftes nomment *huiles empyreumatiques*, & même toutes les huiles graffes ficcatives, comme celles de lin, de chenevi, de noix. A l'égard de celles qui font plus abondantes en mucilage, comme celles d'olives, ou d'amandes, elles n'ont pu jufqu'ici être enflammées par l'acide nitreux pur, à moins qu'on ne leur ait appliqué d'abord un mélange de cet acide & d'huile de vitriol concentrée, comme le remarque M. Rouelle, qui a porté les recherches fur cette matière, beaucoup plus loin qu'on ne l'avoit encore fait, & qui les a publiées dans un Mémoire imprimé parmi ceux de l'Académie des Sciences en 1747. L'acide nitreux, mêlé à l'efprit-de-vin, dans la proportion d'une partie d'acide foible, contre deux parties d'efprit-de-vin, fe combine avec lui, perd fon acidité, & forme ce qu'on nomme *efprit de nitre dulcifié*. Lorfqu'on emploie, pour faire ce mélange, un acide nitreux plus concentré, l'efprit-de-vin fe trouve décompofé, même fans le fecours du feu.

L'acide nitreux coagule les humeurs animales, & détruit leur principe colorant : il diſſout la fubftançe terreufe des os.

Analyfe de l'Acide nitreux.

L'acide nitreux, fuivant l'opinion des Chymiftes, eft produit par l'acide vitriolique furchargé d'une affez grande quantité de phlogiftique : on le voit par l'odeur & la couleur qui font particulières à cet acide, & qui ne doivent leur exiftence qu'au principe inflammable. D'ailleurs, comme l'acide nitreux eft plus compofé que celui qui fert à le former, il poſſède les propriétés falines dans un degré moins marqué; il adhère moins fortement aux corps auxquels

auxquels il est uni, & résiste moins à sa décomposition, qui a lieu toutes les fois que cet acide dans un état de siccité parfaite, s'unit au phlogistique en ignition. Dans cette décomposition, le principe inflammable de l'acide venant à se brûler, l'eau s'élève en vapeurs pendant la déflagration, & la terre reste unie aux matières qui ont servi à décomposer l'acide. Les expériences de M. Piech, qui dit avoir produit l'acide nitreux, en combinant l'acide vitriolique avec des matières végétales & animales susceptibles de putréfaction, servent encore à nous faire connoître la nature de cet acide. On sait d'ailleurs que les plantes contiennent beaucoup de nitre, & que l'acide nitreux ne se forme jamais en plus grande quantité que dans les étables, les latrines & autres lieux, où se pourrissent journellement des matières végétales & animales.

Si on examine avec soin les propriétés de l'acide nitreux, on reconnoît sans

peine la préfence du principe inflammable dans cet acide. 1.° Il détruit les
couleurs, comme l'acide fulfureux qui
eft également formé par l'acide vitriolique uni au phlogiftique. 2.° Il a une
action très-vive fur toutes les matières
qui contiennent abondamment du phlogiftique ; les fubftances métalliques,
par exemple, font diffoutes beaucoup
plus facilement par cet acide que par
les autres, quoique cependant il n'ait
pas avec elles la plus grande affinité
poffible. Toutes ces diffolutions font
accompagnées de chaleur & de vapeurs
rouffes très-épaiffes, quoiqu'on y ait
employé un acide fort étendu d'eau. Il
y a même plufieurs fubftances demi-
métalliques & métalliques que l'acide
nitreux réduit en chaux, en leur enlevant leur phlogiftique dans le temps
même de la diffolution.

Lorfqu'on applique de l'acide nitreux
bien concentré à des corps très-abon-
dans en principe inflammable, il fe
charge de ce principe par furabondan-

ce, & forme avec lui un foufre nitreux qui s'embrafe, fans autre fecours que la chaleur produite par le mélange de l'acide avec ces matières : on en a un exemple frappant dans l'inflammation des huiles. Si on verfe fur une quantité donnée d'huile effentielle ou empyreumatique, ou même de quelque huile graffe ficcative, un poids égal d'acide nitreux bien fumant, il s'excite une grande chaleur; on voit s'élever des tourbillons de vapeurs, d'abord rouffes, enfuite blanches ; la matière fe sèche, s'allume, & produit une flamme vive : mais lorfque les huiles font furchargées d'une matière mucilagineufe, qui empêche l'action de l'acide fur le principe huileux, alors l'inflammation devient beaucoup plus difficile ; il faut pour qu'elle réuffiffe, verfer d'abord fur l'huile un mélange d'acide nitreux & d'acide vitriolique concentré : ce dernier à raifon de fa grande affinité avec l'eau, s'empare du phlegme de l'huile, pendant que l'acide nitreux la réduit en charbon, enforte qu'en verfant dans l'endroit le plus échauffé, quelques gouttes d'acide nitreux pur, la flamme paroît dans l'inftant.

L'acide nitreux s'allume encore beaucoup plus vîte, lorfqu'on le préfente dans un état de ficcité parfaite au phlogiftique actuellement en ignition ; comme on peut le voir dans la détonnation du nitre produite par différens corps.

La vivacité prodigieufe avec laquelle l'acide nitreux décompofe l'efprit-de-vin, même fans le fecours du feu, prouve bien complettement l'action de cet acide fur les matières inflammables, & fert à démontrer que le phlogiftique eft bien réellement un des principes qui le conftituent.

Ufages de l'Acide nitreux.

L'acide nitreux peut être employé en Médecine comme les autres acides ; on lui attribue même une propriété apéritive & diurétique particulière

mais fon odeur nauféabonde empêche de l'employer. On fe fert plus fouvent de cet acide dulcifié par l'efprit-de-
vin, à la dofe de quelques gouttes
dans une boiffon convenable.

L'efprit-de-nitre fert aux Peintres &
aux Graveurs. Les Orfévres l'emploient
pour faire le départ de l'or d'avec
l'argent.

ESPECE III.

Acide marin. *Acidum marinum.*

L'acide marin eft toujours fous la
forme d'un fluide jaune qui répand des
vapeurs acides, blanches, très-pénétrantes & très - difficiles à condenfer.
Cet acide a une faveur forte, mais
moins défagréable que celle de l'acide
nitreux; on en peut dire autant de fon
odeur. Il n'attire pas l'humidité auffi
puiffamment que les deux autres acides
minéraux: il ne s'échauffe pas bien fenfiblement avec l'eau. La difficulté qu'on
a d'obtenir l'acide marin dans un grand
degré de concentration, ôte le moyen

d'évaluer le rapport de fa pefanteur à celle de l'eau.

L'acide marin rougit le firop de violettes ; il en altère même un peu la couleur, mais il ne la détruit pas entièrement, comme fait l'acide nitreux.

Origine de l'Acide marin.

On ne trouve nulle part l'acide marin dans fon état de pureté, mais on le rencontre fréquemment uni à quelque bafe alkaline, calcaire, ou métallique.

On peut enlever l'acide marin uni à la craie par une fimple diftillation ; mais quand il eft uni à des bafes alkalines, il faut employer dans la diftillation, un intermède qui ait plus d'affinité avec la bafe alkaline que n'en a l'acide marin : les terres argilleufes, l'acide vitriolique, les fels vitrioliques terreux, ou métalliques, les fels fédatifs peuvent fervir à cet ufage. On peut encore employer l'acide nitreux ; mais comme ce dernier eft volatil, il en paffe une portion dans la diftillation, & on obtient au lieu d'un acide marin pur, un acide mixte, nommé *eau régale.*

L'acide marin ne peut être dégagé des matières métalliques auxquelles il eft uni par le feul fecours de la diftillation, parcequ'il en entraîne toujours une portion avec lui, à l'aide d'une forte de volatilité qu'il leur communique; ainfi il faut toujours employer quelque intermède pour opérer ce dégagement.

Combinaifons de l'Acide marin.

On n'a pu jufqu'à préfent unir l'acide marin au phlogiftique, pour en former un foufre marin : la matière connue fous le nom de *phofphore de Kunkel,* contient bien un acide qui a quelque rapport avec celui-ci, mais il en diffère à beaucoup d'égards ; & M. Margraff a fait d'inutiles tentatives pour produire cette fubftance avec l'acide marin pur.

B b 4

L'acide marin produit avec les al-kalis des fels neutres parfaits, qui peuvent être décompofés par les acides vitrioliques & nitreux. Cet acide décompofe le borax & en dégage un fel fédatif.

Il forme avec les différentes efpèces de terres, des fels neutres très-déliquefcens.

Il diffout immédiatement plufieurs fubftances demi-métalliques & métalliques, comme l'arfenic, le cobalt, le bifmuth, le régule d'antimoine, le zinc, le plomb, l'étain, le fer & le cuivre : ces diffolutions ne font pas accompagnées de chaleur & de vapeurs auffi fenfibles que celles qui font faites par l'acide nitreux.

L'argent ne peut être attaqué par cet acide, à moins qu'il ne foit dans l'état de la plus grande concentration, & parfaitement fec.

L'acide marin ne diffout pas le mercure en fubftance, mais il s'unit parfaitement à ce demi-métal, lorfqu'il a été auparavant entamé par quelque acide, dont il le dégage avec beaucoup de facilité.

A l'égard de l'or & de la platine, ils ne font point attaqués par l'acide marin, à moins qu'il ne foit mêlé d'une certaine quantité d'acide nitreux, & dans l'état d'eau régale.

Indépendamment de l'action immédiate que l'acide marin a fur la plupart des métaux & des demi-métaux qu'il diffout, & avec lefquels il forme des fels neutres, il y a une infinité de combinaifons différentes des matières métalliques avec cet acide, d'où réfultent des corps falins très-différens, qui tous ont une forte de volatilité ; tels font, l'huile ou beurre d'arfenic, le beurre d'antimoine & de zinc, le plomb & la lune cornée, la liqueur fumante de Libavius, &c.

L'acide marin coagule les fucs des plantes ; il ne fe combine jamais parfaitement avec l'efprit-de-vin, foit qu'on faffe digérer ces matières enfem-

ble, foit qu'on les traite par la diftillation, comme le veulent quelques Chymiftes ; auffi eft-il difficile d'avoir un
efprit de fel parfaitement dulcifié. L'a-
cide marin n'a point d'action fur les
huiles ; il coagule les humeurs animales,
& diffout la fubftance terreufe des os.

Analyfe de l'Acide marin.

On a regardé l'acide marin comme
le troifième des acides, parcequ'il attire
moins l'humidité que les deux autres,
& qu'il s'échauffe moins avec l'eau ; ce
qui dénote une moindre diffolubilité :
enfin, parcequ'il adhère moins fortement que l'acide nitreux à plufieurs des
bafes auxquelles il peut s'unir. Cependant, comme il a plus d'affinité avec
certains corps que n'en ont les autres
acides, qui d'ailleurs les diffolvent
mieux, on eft embarraffé de prononcer
décidément fur la nature de l'acide
marin. On foupçonne néanmoins qu'il
eft formé par l'acide vitriolique, uni à
une portion de phlogiftique moins abon-

dante qu'elle ne l'eſt dans l'acide ni-treux.

L'acide marin a de la couleur & de l'odeur ; il altère les couleurs comme l'acide nitreux , mais d'une manière beaucoup moins marquée ; d'ailleurs il n'a pas une action auſſi forte ſur les huiles & ſur l'eſprit-de-vin.

Becher admet dans l'acide marin ſa terre mercurielle, & tâche d'expliquer par ce moyen les phénomènes que préſente cet acide avec les différentes ſubſtances métalliques, dans leſquelles il reconnoît également ce principe , dont l'exiſtence n'eſt point encore aſſez prouvée.

Uſages de l'Acide marin.

L'acide marin peut être employé en Médecine ; il tempère le mouvement des humeurs, de même que les autres acides. On l'a regardé pendant long-temps comme un lithontriptique fa-meux. Le Prieur de Chabrières en fai-ſoit un remède ſecret , qui a perdu

beaucoup de ſes propriétés en devenant public. On continue cependant de
preſcrire comme diurétique cet acide
étendu dans une boiſſon convenable.
On ordonne auſſi le mélange qu'on en
fait avec l'eſprit - de - vin , & qu'on
nomme *eſprit de ſel dulcifié*. Quelques
Médecins croient trouver un excellent
remède contre la goutte dans un gros
d'eſprit de ſel étendu dans une pinte
de vin , & pris en pluſieurs jours : c'eſt
à la pratique à accréditer ce ſecours
peu connu, ou à le rejetter, s'il ne produit pas de bons effets.

On n'emploie guère dans les arts
l'acide marin pur ; mais l'acide mixte,
connu ſous le nom d'*eau régale* , eſt d'u-
ſage pour diſſoudre l'or, & le ſéparer
de tout alliage.

ESPECE IV.

Acide ſulfureux. *Acidum catholicum ,
tenuius.* WALL.

L'acide ſulfureux tient le dernier
rang parmi les acides minéraux ; ce

n'eſt pas même, à proprement parler, un acide particulier, mais plutôt une manière d'être de l'acide vitriolique.

L'acide ſulfureux eſt toujours fluide ; il n'a point de couleur lorſqu'il eſt bien pur ; il a une ſaveur aigre & déſagréable ; ſon odeur eſt très-pénétrante ; il s'échauffe avec l'eau lorſqu'il eſt bien concentré ; il rougit le ſyrop de violettes & détruit ſa couleur, comme il fait à l'égard de preſque tous les corps colorés : expoſé à l'air, il perd ſes propriétés, & devient acide vitriolique.

Origine de l'Acide ſulfureux.

On ne trouve en aucun endroit l'acide ſulfureux, ſi ce n'eſt dans les lieux pleins des exhalaiſons du ſoufre, comme dans le voiſinage des volcans & des mines ſulfureuſes qu'on grille. L'art retire cet acide en brûlant le ſoufre lentement, & condenſant ſous une cloche les vapeurs qui s'en élèvent, à l'aide de l'eau également réduite en vapeurs. On produit encore cet acide en

plongeant dans l'huile de vitriol un
charbon embrasé, ou quelque chose
qui en tienne lieu, ou encore en la faisant chauffer avec quelque matière
qui puisse lui communiquer un peu
de phlogistique.

Combinaisons de l'Acide sulfureux.

L'acide sulfureux peut s'unir avec les
sels alkalis fixes ou volatils, comme tous
les acides minéraux ; mais il adhère à
ces bases avec moins de force que les
autres, aussi peuvent-ils tous décomposer les sels neutres qu'il a formés : ces
sels d'ailleurs se décomposent d'eux-
mêmes au bout de quelque temps, &
ils prennent les caractères de sels neutres vitrioliques, & ne peuvent plus
être décomposés que comme tels.

Les combinaisons de l'acide sulfureux avec les substances terreuses & métalliques ne sont pas encore connues.

Analyse de l'Acide sulfureux.

L'acide sulfureux n'est que l'acide

vitriolique uni à une petite portion de phlogiſtique, qui, en lui donnant des propriétés qu'il n'avoit pas , le rapproche de l'acide nitreux : telles ſont l'odeur, la volatilité & la poſſibilité de détruire les couleurs.

On reconnoît cette origine de l'acide ſulfureux : 1.º par ſa production, qui a lieu toutes les fois qu'on unit à l'acide vitriolique un peu du principe inflammable : 2.º par la converſion de l'acide ſulfureux en acide vitriolique, & des ſels·neutres ſulfureux en ſels neutres vitrioliques, lorſqu'ils ſont expoſés à l'air : 3.º enfin , par la facilité avec laquelle les Chymiſtes produiſent à volonté l'acide ſulfureux, ou l'acide vitriolique, en brûlant le ſoufre. Dans le premier cas, il faut que la combuſtion ſoit très-lente ; dans le ſecond au contraire , elle doit ſe faire très-rapidement.

Uſages de l'Acide ſulfureux.

L'acide ſulfureux, à cauſe de la propriété qu'il a de détruire les couleurs, est employé dans les arts pour blanchir les soies.

On en imprègne le moût du raisin, & même les tonneaux dans lesquels on le renferme ; il arrête la fermentation.

GENRE II.

Sels alkalis. *Salia alkalina.*

Les sels alkalis ont les propriétés salines dans un degré assez éminent pour pouvoir les communiquer à des corps non salins : ils ne tiennent cependant que le second rang parmi les sels simples : leur saveur, quoique forte & cautérisante, est moindre que celle des acides : ils ont aussi moins de dissolubilité qu'eux, puisqu'il est possible de les obtenir très-purs, sous forme concrète & crystalline, tandis que les acides sont toujours en liqueur : enfin, ils adhèrent moins fortement aux substances auxquelles ils sont unis, puisque la plupart des combinaisons qu'ils forment

ment

ment avec des corps non salins, se décomposent d'elles - mêmes.

ESPECE I.

Àlkali déliquescent. *Alkali fixum, aeris humiditatem attrahens.*

L'alkali fixe déliquescent a une saveur caustique & urineuse ; il n'a point d'odeur lorsqu'il est sec ; mais il en prend une de lessive, lorsqu'on le dissout dans l'eau : la dissolution d'alkali déliquescent est accompagnée d'un peu de chaleur, produite par l'activité avec laquelle il s'unit à l'eau. En effet, ce sel est si dissoluble, qu'étant exposé à l'air, il se charge de trois fois son poids d'humidité , suivant le rapport de M. Gellert.

L'eau, qui tient autant d'alkali qu'elle en peut dissoudre, passe difficilement à travers les filtres : elle paroît grasse lorsqu'on la touche, parcequ'elle dissout une portion de la matière huileuse de la peau, ce qui la rend comme sa-

Tome I. C c

vonneufe, & lui a fait donner le nom d'*huile de tartre* : on appelle huile de tartre par défaillance , *oleum tartari per deliquium* , la diffolution d'alkali déliquefcent faite par l'humidité de l'air.

Si l'on fait évaporer rapidement la diffolution d'alkali déliquefcent , on obtient ce fel en une maffe informe ; mais fi l'évaporation fe continue lentement , jufqu'à ce qu'il fe forme une très-légère pellicule à la furface de la liqueur, & qu'on la laiffe réfroidir infenfiblement, on obtient de très-beaux cryftaux : enfin , lorfqu'on laiffe la pellicule devenir plus épaiffe , on ne retire que des cryftaux très-petits, mêlés d'une grande quantité de fel alkali qui s'eft précipité confufément.

L'alkali expofé dans un creufet entre des charbons ardens , fe fond affez aifément, & acquiert de la caufticité ; il ne fe volatilife qu'à la dernière violence du feu : c'eft pour cela qu'on le nomme *alkali fixe.* Ce fel fait effervefcence avec tous les acides, & verdit le fyrop de violettes.

Origine de l'Alkali déliquefcent.

On ne trouve pas l'alkali déliquefcent pur dans le Règne Minéral, il eft toujours uni à quelqu'acide, & dans l'état de fel neutre : il eft beaucoup plus abondant dans les plantes ; c'eft pour cela qu'on l'appelle ordinairement *alkali végétal* : on le nomme auffi *alkali du tartre*, parcequ'on le retire de cette fubftance en grande quantité. On obtient l'alkali fixe déliquefcent en décompofant les fels neutres, dans la combinaifon defquels il eft entré ; ou en brûlant les plantes & le tartre du vin, leffivant leurs cendres, & faifant évaporer cette leffive.

Combinaifons de l'Alkali délicuef-cent.

L'alkali fixe ajouté au fable, augmente confidérablement la fufibilité de cette fubftance, & produit avec elle une maffe vitreufe, d'autant plus attaquable par les différens menftrues, qu'il eft entré plus de fel dans fa compofition.

Lorfque la proportion d'alkali excède beaucoup celle du fable, comme de fept à huit parties contre une, alors la matière fond avec beaucoup de facilité, & la terre fe trouve mêlée au fel avec tant d'exactitude, que tout le produit peut fe diffoudre dans l'eau : c'eft cette diffolution qu'on nomme *liqueur des cailloux*.

L'alkali fixe calciné avec des terres calcaires, acquiert beaucoup de caufticité, & perd la propriété qu'il avoit de faire effervefcence avec les acides.

Ce fel augmente la fufibilité des argilles, & lorfqu'on le mêle avec l'eau qui tient une quantité de cette terre en diffolution, il y produit un précipité, parcequ'en s'uniffant à l'acide vitriolique, il en fépare la bafe qui lui étoit unie.

L'alkali fixe appliqué au foufre le diffout, foit qu'on faffe fondre ces deux matières enfemble dans un creufet fur le feu, foit qu'on faffe bouillir fur du foufre une liqueur bien chargée de ce fel.

L'union que cet alkali contracte avec tous les acides, eft accompagné d'effervefcence, & il en réfulte les fels compofés les plus parfaits.

L'alkali fixe décompofe tous les fels neutres qui ont pour bafe un alkali volatil, une matière terreufe ou métallique.

Il attaque prefque tous les métaux & demi - métaux, fur - tout lorfqu'ils ont été préalablement entamés par quelqu'autre menftrue, & mis dans un grand état de divifion.

Il rend les bitumes qu'on triture avec lui plus faciles à diffoudre dans l'efprit-de - vin.

Il s'unit aux fucs acides des plantes, & aux produits acides des végétaux fermentés.

Il se mêle aux huiles avec beaucoup de facilité, & produit des savons par cette combinaison.

Il a de l'action sur l'esprit-de-vin, & le décompose ; il coagule le lait des animaux.

Analyse de l'Alkali déliquescent.

L'alkali déliquescent paroît formé de l'union des principes aqueux & terreux, de même que l'acide vitriolique, mais dans une proportion différente. La terre paroît ici beaucoup plus abondante ; car si on filtre une lessive d'alkali fixe pour l'avoir parfaitement claire, qu'on la renferme en cet état dans un flacon bien bouché, la liqueur se trouble bientôt, & laisse précipiter une grande quantité de floccons terreux ; qu'on la filtre de nouveau & qu'on la renferme avec le même soin, au bout d'un certain temps, il se forme un nouveau précipité, & on ne sait pas encore où peut s'arrêter cette précipitation de la terre que dépose l'alkali.

Quelques Chymistes veulent que l'alkali fixe soit formé d'acide & de terre, ce qui revient au même, puisque, comme on le suppose ici, c'est la surabondance du principe terreux qui distingue un acide d'un alkali ; ils ajoutent aussi le phlogistique ; mais l'existence de ce principe dans l'alkali fixe, n'est pas encore bien prouvée : il paroît même que s'il s'y trouve, ce n'est qu'en petite quantité.

Usages de l'Alkali déliquescent.

L'alkali fixe peut être employé en Médecine comme un très-grand fondant ; mais sa dose ne doit être que de quelques grains, parcequ'il a beaucoup de causticité. On le prescrit plus ordinairement sous la forme de savon.

ESPECE II.

Alkali fixe marin. *Alkali fixum Marinum.*

L'alkali marin a une saveur caustique & urineuse comme l'alkali déliquefcent ; il n'a point d'odeur tant qu'il eft fec, mais il en acquiert une de leffive, lorfqu'on le fait diffoudre dans l'eau ; fa diffolution eft accompagnée d'un peu de chaleur ; elle paffe difficilement à travers les filtres, & paroît graffe lorfqu'on la touche, comme celle de l'alkali déliquefcent.

La leffive d'alkali marin évaporée lentement fournit des très-beaux cryftaux, qui loin d'attirer l'humidité de l'air, fe sèchent & tombent en pouffière ; ce qui dénote dans ce fel moins de diffolubilité que n'en a l'alkali déliquefcent ; auffi c'eft pour cette raifon qu'on lui donne le fecond rang parmi les fels de ce genre.

L'alkali marin fe liquéfie très-facilement lorfqu'on le fait chauffer ; il acquiert de la caufticité par la calcination, & ne fe volatilife qu'à l'extrême violence du feu : il fait effervefcence avec les acides, & verdit le firop de violettes.

Origine

Origine de l'Alkali marin.

L'alkali marin, autrement nommé *alkali minéral*, *alkali de la soude* ou *natron*, se trouve naturellement cryſtallisé en Egypte. Les Minéralogiſtes en ont diſtingué un grand nombre d'eſpèces, qui ne diffèrent que par les lieux où elles ſe rencontrent. Ils ont appellé natron, ou ſel alkali terreux, *alkali Orientale impurum*, WALL. celui qui ſe trouve dans la terre ; *natrum nudum, terreſtre*, LINN. ſel alkali de fontaine, *alkali in acidulis vel thermis hoſpitans*, WALL. *Natrum nudum, fontanum, ſaturatum*, LINN. celui qui eſt diſſous dans l'eau, ſoit ſeul, ſoit uni à quelque acide. Aphronatron, ou ſel mural, *alkali compactum cryſtalliſabile, corporibus ſuperficialiter adhærens*, WALL. *Natrum nudum, calcarium*, LINN. celui qui ſe trouve cryſtalliſé ſur les murailles ; & halinatron, *alkali non cryſtalliſabile ſuperficialiter corporibus ſtriatim adhærens*, celui qui ſe ren

contre dans les mêmes lieux, mais qui
n'eſt pas ſous une forme cryſtalline. Il
faut obſerver que c'eſt à tort que les
Minéralogiſtes ont rangé avec l'alkali
le ſel d'epſom, de Sedlitz & même le
ſel de Glauber, qui ſont des ſels neutres.

Toutes ces eſpèces de ſels ne ſont pas
aſſez bien caractériſées dans les Auteurs pour qu'on puiſſe les reconnoître pour de vrais alkalis ; & quand
elles en ſeroient, ces différentes manières d'être ne changent rien à leur
nature.

On trouve encore l'alkali marin ſervant de baſe à différens ſels neutres
qu'on retire de la mer. On peut l'obtenir pur en le dégageant des acides
avec leſquels il eſt uni. On peut encore
le retirer de la ſoude & de preſque
toutes les plantes maritimes qui en contiennent une grande quantité, ſoit par
la voie de l'incinération, ſoit en faiſant
macérer ces plantes dans des acides.

Combinaisons de l'Alkali marin.

L'alkali marin s'unit au fable de même que l'alkali déliquefcent. Lorfqu'on le fait fondre avec des fubftances calcaires, il devient très-cauftique, acquiert une très-grande diffolubilité dans l'eau, & perd en même-temps la propriété qu'il avoit de faire effervefcence avec les acides. Cette matière eft employée par les Chirurgiens fous le nom de *pierre à cautère.* Sa diffolution dans l'eau fait la *liqueur des Savonniers.*

L'alkali marin opère fur les argilles & fur le foufre, de la même manière que l'alkali déliquefcent.

Il fe combine également avec les acides, & forme avec eux des fels compofés parfaits.

Il détruit l'union que les acides ont contracté avec les alkalis volatils, les matières terreufes & les fubftances métalliques.

Il diffout les métaux & les demi-métaux.

Il facilite la diffolution des bitumes dans l'efprit-de-vin.

Il s'unit aux fucs acides des plantes, & aux produits acides des végétaux fermentés.

Il fe combine aux huiles avec lefquelles il forme facilement des favons, fur-tout lorfqu'il a été rendu cauftique par la chaux.

Il décompofe l'efprit-de-vin, & coagule le lait des animaux.

Analyfe de l'Alkali marin.

L'alkali marin eft compofé des mêmes principes que l'alkali déliquefcent, mais dans une proportion un peu différente. Il paroît que le premier contient plus de terre que l'autre, & que cette terre eft moins attenuée. Les cryftaux d'alkali marin, qu'on fait diffoudre dans l'eau, dépofent une grande quantité de floccons terreux qu'on peut en féparer par la filtration. En répétant plufieurs fois les cryftallifations & diffolutions de ce fèl, on le dépouille peu - à - peu d'une grande quantité de cette terre, & il finit par ne plus fournir que de très-petits cryſtaux, & fort difficilement. On peut hâter encore la décompoſition de l'alkali marin en calcinant chaque fois les cryſtaux avant de les diſſoudre.

On lit dans le *Dictionnaire Encyclopédique*, que le natron contient encore plus de terre que le véritable alkali marin.

Uſages de l'Alkali marin.

On peut employer en Médecine l'alkali marin de même que l'alkali déliqueſcent, mais il faut toujours que ce ſoit à des doſes très-modérées. Les ſavons qu'on en fait en l'uniſſant aux huiles graſſes, ſont uſités comme de très-bons fondans dans les obſtructions; on les preſcrit par grains : il en eſt de même des compoſés ſavonneux qu'il forme avec les huiles eſſentielles; mais comme ils ont une action encore plus forte, il faut les donner en moindre dose.

Le sel alkali marin est employé dans la fabrique du verre & du savon. Il est aussi d'usage dans la teinture. Ce sel formoit un des principaux ingrédiens dont se servoient les Egyptiens pour embaumer les morts, comme on peut le voir dans le savant Mémoire que M. Rouelle a donné sur les embaumemens à l'Académie des Sciences, en 1750.

E S P E C E III.

Borax. *Borax crudus, cœrulescens, hexangularis.* WALL. *Borax, nudus.* LINN.

Le borax est un sel dont la couleur varie; il est très-blanc lorsqu'il est pur; on le trouve aussi d'une couleur grise, & tirant sur le verd : c'est ce dernier qu'on nomme plus particulièrement *borax brut* ou *tinkal.* Sa saveur est légèrement alkaline. Ce sel se dissout difficilement dans l'eau froide : l'eau bouillante en dissout à-peu-près un seizieme

de son poids, & laisse déposer en refroidissant, des crystaux dont la figure
varie beaucoup : ce sont assez ordinairement des cubes dont les angles ont
été tronqués. La dissolution de borax
verdit le sirop de violettes comme les
alkalis : ce sel ne fait cependant pas
effervescence avec les acides.

Origine du Borax.

On ne sait pas encore au juste la véritable origine du borax. On lit dans
une note de la *Minéralogie* de M. Valmont de Bomare l'extrait d'une lettre
écrite d'Ispahan à ce Naturaliste, sur
l'origine de ce sel : il se retire d'une
pierre grasse & tendre qu'on trouve en
Perse, dans les royaumes de Golconde
& de Visapour, & dans l'empire du
Grand Mogol. On en obtient encore,
en faisant évaporer une eau épaisse &
verdâtre qu'on trouve ramassée dans
des fosses voisines d'une mine de cuivre
de Perse. Le premier sel qu'on retire
de cette eau est excessivement gras &

sale ; on le fait diſſoudre une ſeconde fois ; on retire un ſel moins gras, mais toujours fort impur : c'eſt celui qu'on nomme *borax brut* dans le commerce. Les Hollandois le purifient ; mais on ignore quel eſt leur procédé ; on ſoupçonne qu'ils le font diſſoudre dans l'eau de chaux. Ce qu'il y a de certain, c'eſt qu'il eſt plus blanc que celui qui ſe purifie en France.

Combinaiſons du Borax:

Le borax expoſé au feu, commence par ſe gonfler conſidérablement, & finit par ſe fondre en une eſpèce de verre qui ſe sèche & ſe réduit en poudre à l'air, comme l'alkali marin. Ce verre ſe diſſout dans l'eau comme le borax lui-même, & fournit des cryſtaux par le refroidiſſement.

Si dans une diſſolution chaude de borax on verſe un acide quelconque, il ſe ſépare de la liqueur, à meſure qu'elle ſe refroidit, un ſel qui cryſtalliſe en petites lames brillantes, & qu'on nomme *sel sédatif.* L'eau-mère qui reste après sa crystallisation fournit un sel neutre semblable à celui qui résulteroit du mélange de l'alkali marin avec l'acide qu'on a employé pour retirer le sel sédatif. M. Homberg , qui le premier a découvert ce sel, en combinant le borax avec le vitriol verd , croyoit qu'il étoit contenu dans le vitriol, & que le borax ne servoit qu'à le dégager : il le nommoit aussi *sel volatil narcotique de vitriol ,* parcequ'il le retiroit par la voie de la sublimation. Plusieurs Chymistes depuis Homberg ont été dans le même sentiment ; mais feu M. Rouelle fit voir que ce sel ne devoit sa volatilité qu'à l'eau de sa crystallisation , & qu'apres l'en avoir dépouillé , il étoit très-fixe. M. Lémery avoit prouvé que ce sel, loin d'être un produit du vitriol, venoit au contraire du borax , & qu'on pouvoit l'en séparer par le moyen de l'acide vitriolique pur. M. Geoffroi fit voir que le sel sédatif pouvoit s'obtenir par la crystallisation , d'une manière beaucoup plus prompte que par la fublimation, quel que fût l'acide minéral qu'on employât pour le dégager. Il a aufli le premier examiné les fels neutres qui reftent après la cryftallifation du fel fédatif. Enfin, M. Baron a démontré que les acides végétaux pouvoient également produire un fel fédatif avec le borax, parfaitement femblable à ceux qui fe font par le fecours des acides minéraux.

Le fel fédatif eft très-peu difloluble dans l'eau, beaucoup moins même que le borax : expofé au feu, il fe fond en un verre qui eft un peu moins attaquable à l'air que celui qu'on prépare en fondant le borax : ce verre n'eft que le fel fédatif lui - même, qui n'eft nullement altéré.

Le fel fédatif fe diffout facilement dans l'efprit - de - vin, & cette diffolution produit une flamme verte lorfqu'on la brûle.

Analyse du Borax.

Le plus grand nombre des Chymistes pensent que le borax est composé de l'alkali marin uni au sel sédatif, qui fait en quelque sorte fonction d'acide, en empêchant l'alkali de faire effervescence avec les acides, même les plus forts. Il paroît néanmoins que cet alkali du borax n'est pas parfaitement saturé, puisque ce sel a une saveur urineuse, & qu'il verdit le syrop de violettes. Il paroît aussi que le sel sédatif ne contracte qu'une foible adhérence avec sa base, puisque les acides les plus foibles peuvent le dégager.

L'existence de l'alkali marin dans le borax, est suffisamment prouvée par l'examen des sels qu'on en retire après la séparation du sel sédatif. M. Baron assure que le sel sédatif lui-même est tout contenu dans le borax, & que l'acide qu'on emploie à le séparer n'entre point du tout dans sa formation ; puisque ce sel est toujours absolument le même, quel que foit l'acide qu'on ait employé pour décompofer le borax. En effet, tous ces fels fédatifs, préparés par différens acides, n'ont à l'extérieur que quelques différences affez légères; mais ils paroiffent tous avoir le même degré de volatilité; ils ont tous la propriété de décompofer le nitre & le fel marin. Enfin, M. Baron affure qu'on peut former de véritable borax, en uniffant par la fufion le fel fédatif avec l'alkali marin. Il ne refteroit plus après les expériences de M. Baron, qu'à connoître la nature du fel fédatif; M. Bourdelin a tenté inutilement un grand nombre d'expériences fur ce fel qu'il a combiné avec toutes fortes de corps.

M. Cadet a donné à l'Académie des Sciences différens Mémoires fur le borax : il prétend que le fel fédatif n'y exifte pas tout formé, & qu'il eft produit par une terre vitrifiable mife dans l'état de fel neutre par l'acide qu'on a employé à décompofer le borax. A

cette opinion, qui étoit celle de plufieurs Chymiftes, & qu'on trouve encore énoncée dans la table des fels du
Dictionnaire Encyclopédique, il ajoute
que le fel fédatif retient opiniatrément
quelques portions d'alkali, & même
d'acide marin, qui fe trouvoient dans
le borax. On peut voir le détail de fes
raifons & de fes expériences dans le
cinquième volume des *Mémoires* lus à
l'Académie des Sciences par des Savans
étrangers.

Ufages du Borax & du Sel fédatif.

Le fel fédatif a été regardé comme
calmant & anti-fpafmodique ; on le
prefcrit depuis quelques grains jufqu'à
un fcrupule, & même demi-gros : mais
la plupart des bons Médecins ne reconnoiffent guère cette vertu au fel fédatif.

Le borax eft employé comme fondant par les ouvriers ; il fert pour fou-
der les métaux.

E S P E C E   I V.

Alkali volatil. *Alkali volatile, minerale.*
WALL.

L'alkali volatil a une faveur cauſtique & urineuſe ; il a une odeur forte,
pénétrante & également urineuſe ; il
attire l'humidité de l'air, mais moins
que l'alkali fixe déliqueſcent ; il ſe diſſout dans l'eau avec facilité, & en plus
grande quantité lorſqu'elle eſt chaude
que lorſqu'elle eſt froide ; il produit
de beaux cryſtaux par le refroidiſſement
de ſa diſſolution.

L'alkali volatil s'unit avec efferveſcence aux acides, & verdit le ſyrop de
violettes comme les autres alkalis.
Son odeur, & la propriété qu'il a de
ſe volatiſer à une chaleur aſſez médiocre, lui ont fait donner le nom qu'il
porte.

Origine de l'Alkali volatil.

L'alkali volatil ne ſe trouve jamais

pur & fous fa forme faline ; mais il fe rencontre affez fréquemment uni à un acide, & dans l'état de fel neutre. Suivant le rapport de Wallérius, on le retire par la diftillation de plufieurs pierres, & fur-tout de celles qui font calcaires. Lorfque ce fel eft combiné à un acide, il faut employer dans la diftillation un intermède, tel que l'alkali fixe, la craie, la chaux, les matières métalliques ou leurs chaux, qui, en décompofant le fel neutre, en dégagent l'alkali volatil.

Combinaifons de l'Alkali volatil.

L'alkali volatil diffout le foufre, lorfqu'on unit ces deux fubftances dans l'état de vapeurs : il en réfulte un foie de foufre à bafe d'alkali volatil, connu fous le nom de *liqueur fumante de Boyle*.

L'alkali volatil forme avec les fels acides des fels compofés parfaits, connus fous le nom de *fels ammoniacaux :* il décompofe ceux qui ont pour bafe une terre ou une matière métallique.

Ce sel diffout les métaux & les demi-métaux, d'autant plus aifément qu'ils ont déja été féparés de quelques diffolvans, & qu'ils fe trouvent dans l'état d'une terre précipitée : il en eft pourtant qu'il diffout immédiatement avec affez de facilité.

Il s'unit aux fucs acides des plantes, & aux produits acides des végétaux fermentés.

Il forme avec les huiles graffes ou effentielles des plantes, une efpèce de favon.

La diffolution d'alkali volatil mêlée à l'efprit-de-vin, fait une pâte nommée *offa helmontii* : il coagule le lait des animaux.

Analyfe de l'Alkali volatil.

L'alkali volatil eft formé des principes aqueux & terreux, de même que l'alkali fixe ; mais la terre qui entre dans fa compofition eft beaucoup plus atténuée ; elle fe trouve d'ailleurs combinée avec une certaine quantité d'hui-le, le, ce qui fe prouve par plufieurs expériences. 1.° Lorfqu'on combine de l'alkali fixe & de l'huile, & qu'on leur fait fubir une action violente de la part du feu, il fe produit toujours de l'alkali volatil : la même chofe arrive fi la matière a fouffert la fermentation. 2.° Lorfqu'on diftille l'alkali volatil fur des matières capables de lui enlever fon principe huileux, comme la chaux vive par exemple, il perd plufieurs de fes propriétés. C'eft au principe huileux de l'alkali volatil que font dues fon odeur & fa volatilité ; c'eft encore à la préfence de l'huile dans ce fel, qu'on doit attribuer la propriété que le fel ammoniacal nitreux a de détonner feul, lorfqu'on le fait chauffer.

Ufages de l'Alkali volatil.

La Médecine emploie l'alkali volatil comme fudorifique & anti-hyftérique. On le regarde auffi comme cordial, lorfqu'il eft aromatifé. On le prefcrit par gouttes dans des boiffons convenables.

Tome I. E e

Ce remède est très-vanté contre la mor-
sure des animaux venimeux, & particulièrement de la vipère : on en fait
prendre à l'intérieur, & on l'applique à
l'extérieur.

SECTION II.

Sels neutres. *Salia neutra.*

L E S sels neutres font formés par
l'union d'un acide à une substance qu'on
appelle sa *base*, de manière à ne plus
faire qu'un corps très-différent de ceux
qui ont servi à le former.

Ces sels ont une saveur salée, qui
n'est ni acide, ni urineuse ; ils ne changent pas la couleur du syrop de violettes , & ne peuvent communiquer
leurs propriétés salines à d'autres corps.

Genre I.

Sels neutres parfaits à bafe d'alkali fixe. *Salia neutra perfectiffima, fixa.*

Les fels de ce genre font les plus parfaits de tous les fels neutres ; ils ont une faveur bien marquée, mais moindre que celle des fels fimples ; ils ont auffi moins de facilité à fe diffoudre dans l'eau ; ils prennent aifément une forme concrete & cryftalline, & réfiftent à leur décompofition plus fortement que tous les autres fels neutres.

Espece I.

Tartre vitriolé. *Tartarus vitriolatus.*

Le tartre vitriolé eft un fel neutre parfait, formé par l'union de l'acide vitriolique à l'alkali déliquefcent. Ce fel a une faveur amère & défagréable. Il demande environ dix-huit fois fon poids d'eau pour être tenu en diffolution : l'eau bouillante en diffout une

quantité un peu plus confidérable. **La**
figure des cryftaux de ce fel varie beaucoup ; le plus ordinairement il forme
des cubes dont tous les angles font coupés. Le tartre vitriolé expofé fur des
charbons ardens, petille, & fes cryftaux fe brifent. Les Chymiftes nomment
ce phénomène *décrépitation*. Ce fel ne
fond qu'à la plus grande violence du
feu, & ne fe volatilife que très-difficilement.

Origine du Tartre vitriolé.

Le tartre vitriolé ne fe trouve pas
ordinairement dans le Règne Minéral ;
quelques Auteurs prétendent cependant que l'eau de la mer en tient en
diffolution ; mais ce fait n'eft pas encore
complettement avéré. L'art produit le
tartre vitriolé : 1.° En combinant directement l'acide vitriolique & l'alkali déliquefcent, jùfqu'au point de faturation ; ce qu'on connoît, lorfqu'après
l'effervefcence paffée, la liqueur n'altère point la couleur du fyrop de vio-

lettes. 2.° En décomposant par le moyen de cet alkali, les sels neutres vitrioliques qui ont pour base un alkali volatil, une terre, ou une substance métallique. 3.° En lessivant le résidu de la distillation de l'acide nitreux opérée par l'acide vitriolique pur, la glaise, l'alun, les vitriols, ou celui qui reste après avoir décomposé le sel fébrifuge de Sylvius par les mêmes moyens. 4.° En précipitant par l'alkali fixe déliquescent la dissolution d'argille dans l'eau. 5.° En faisant détonner le soufre avec le nitre dans un creuset rougi au feu, & retirant par la dissolution & la crystallisation le nouveau sel qui se trouve dans le creuset après la détonnation. 6.° En laissant le foie de soufre se décomposer de lui-même. 7.° Enfin, en mettant évaporer à l'air le sel sulfureux de Stahl, ou le faisant calciner.

Analyse du Tartre vitriolé.

La manière dont on fait artificiellement le tartre vitriolé, prouve aſſez que ce ſel eſt compoſé d'acide vitrioque uni à l'alkali fixe déliqueſcent ; puiſque de quelque manière qu'on uniſſe enſemble ces deux ſubſtances, il en réſulte toujours un ſel abſolument le même, quoiqu'on lui ait donné des noms différens, comme ceux d'*arcanum duplicatum*, de ſel *de duobus*, de ſel polychreſte de Glaſer, de panacée du duc d'Holſace, &c. Sa décompoſition le prouve également ; elle peut s'opérer de pluſieurs manières. La première ſe fait par l'intermède du phlogiſtique. Pour y parvenir, on mêle le tartre vitriolé avec la poudre de charbon, & un peu d'alkali fixe ; on fait fondre le tout dans un creuſet : il en réſulte une maſſe d'un rouge obſcur, qui ſe diſſout dans l'eau & lui communique une couleur d'un verd noirâtre. Cette maſſe n'eſt autre choſe qu'un foie de ſoufre formé par l'acide vitriolique, qui a quitté l'alkali fixe avec lequel il étoit combiné dans le tartre vitriolé, pour s'unir au phlogistique des charbons , & former avec lui un soufre que l'alkali a dissous. Ce foie de soufre tient aussi en dissolution une portion de charbon qui le colore. On peut en versant un acide sur la liqueur de ce foie de soufre , en précipiter le soufre , & le débarrasser ensuite par la sublimation de la matière charbonneuse qu'il a entraînée avec lui.

La voie des doubles affinités , offre encore un moyen de décomposer le tartre vitriolé. On prend pour cela un sel à base métallique , tel que l'argent ou le mercure dissous dans l'acide nitreux ; on mêle de la dissolution de ce sel avec une de tartre vitriolé ; le mélange se trouble ; le métal se précipite uni à l'acide vitriolique , & on retrouve dans la liqueur un sel de nitre produit par l'acide nitreux , qui a quitté le métal pour se porter sur l'alkali fixe.

M. Baumé a indiqué un troisième moyen de décomposer le tartre vitriolé en employant l'acide nitreux ; l'opération réuffit très - facilement, comme l'a remarqué ce Chymifte. Il fuffit de faire bouillir du tartre vitriolé dans de bonne eau-forte ; il s'en élève des vapeurs qui ont une forte odeur d'acide marin , & lorfque la diffolution eft achevée , la liqueur fournit par le refroidiffement des véritables cryftaux de nitre.

Suivant l'opinion de feu M. Rouelle , on peut en quelque forte furcharger le tartre vitriolé d'acide ; il fuffit pour cela de mettre du tartre vitriolé en poudre dans une cornue de verre, & de verfer deffus une certaine quantité d'acide vitriolique qu'on retire enfuite par la diftillation ; il en refte toujours affez d'adhérent au tartre vitriolé , pour qu'il ait une faveur très – fenfiblement acide. M. Baumé s'eft élevé contre cette expérience , & prétend que l'acide vitriolique furabondant n'eft pas combiné avec le tartre vitriolé , mais feulement attaché à ce fel , & qu'il fuffit de le laver & de le

faire

faire essuyer exactement sur du papier pour lui enlever; & persiste à croire que le tartre vitriolé est un sel parfaitement neutre, qui ne peut s'unir par surabondance à aucun des principes qui le constituent.

Usages du Tartre vitriolé.

Le tartre vitriolé est employé en Médecine, comme fondant & apéritif, à la dose d'un demi-gros ou d'un gros, dans quelque bouillon ou tisanne apéritive; pris en quantité plus considérable, il devient purgatif; c'est ce même sel qu'on vante dans les suites de couches, & qu'on administre fréquemment sous le nom de *sel de duobus.*

E S P E C E II.

Sel de Glauber. *Sal Glauberianum, neutrum, purum.* WALL. *Natrum nudum fontanum, saturatum, mirabile Glauberi.* LINN.

Ce sel qui a reçu le nom de *sel admi-*

rable par son inventeur Glauber, est du nombre des sels composés parfaits. Il est le résultat de l'union de l'acide vitriolique à l'alkali fixe marin ; sa saveur est excessivement amère ; il se dissout assez facilement dans l'eau, même froide ; l'eau bouillante en dissout presque son poids : aussi ce sel est-il du nombre de ceux qui crystallisent le plus facilement par le refroidissement de leur dissolution. Les crystaux de sel de Glauber forment assez ordinairement de grosses colonnes striées dans leur longueur & terminées par des pyramides ; mais la moindre circonstance fait varier cette figure. Le sel de Glauber exposé à l'air, se sèche & se réduit en poudre, parcequ'il perd facilement l'eau qui est très-abondante dans sa crystallisation ; c'est encore à cette quantité d'eau que le sel de Glauber doit la propriété qu'il a de se liquéfier à la moindre chaleur ; mais en perdant son humidité, il se sèche & ne peut entrer dans une véritable fufion ignée, qu'à un degré de chaleur très-confidérable.

Origine du Sel de Glauber.

Le fel de Glauber eft une des fubftances falines qui exiftent en plus grande abondance ; l'eau de la mer & des fontaines falées en tient une grande quantité en diffolution ; on le retire même dans les falines de Franche-Comté des eaux-mères du fel marin qu'on fait rapprocher fur le feu. Une partie de ce fel forme de beaux cryftaux qu'on débite fous le vrai nom de *fel de Glauber*; l'autre portion cryftallifée plus confufément en petites éguilles, fe vend fous le nom de *fel d'epfom*; mais il ne doit pas être confondu avec le véritable fel d'epfom d'Angleterre, qui eft d'un blanc beaucoup plus mat, & qui ne s'effleurit point à l'air, comme le faux fel d'epfom. Si on diffout chacun de ces fels féparément, dans une quantité fuffifante d'eau, & qu'on verfe dans chacune des diffolutions un peu d'alkali

fixe en liqueur , le véritable fel d'epfom forme un précipité blanchâtre très-
apparent , ce que ne fait pas le fel d'epfom factice. On attribue dans le *Dic-*
tionnaire Encyclopédique la formation du
vrai fel d'epfom à la combinaifon de l'a-
cide vitriolique avec le natron ou alkali
terreux. Ce même fel fe trouve dans
les eaux de Sedlitz & dans beaucoup
d'autres endroits ; il ne paroit différer
du fel de Glauber que par un petit excès de terre qui fe trouve dans fa bafe.

L'art produit journellement du fel
de Glauber. 1.° En uniffant directement
l'acide vitriolique à l'alkali marin. 2.° En
décompofant le fel marin par l'intermède de l'acide vitriolique , comme le
pratiquoit Glauber , qui retiroit par
ce moyen un acide marin pur , & trouvoit l'acide vitriolique uni à la bafe
alkaline de ce fel , formant ce qu'il
nommoit fon *fel admirable.* 3.° Le fel
d'epfom du commerce diffous dans l'eau
chaude , & cryftallifé par un refroidiffement très-lent , fournit un beau fel

de Glauber. Les sels à base terreuse qui altéroient la pureté de ce faux sel d'epsom, restent dans l'eau-mère après sa cryftallisation.

Analyse du Sel de Glauber.

Les différens procédés employés pour fabriquer le sel de Glauber, démontrent affez qu'il doit fon origine à l'acide vitriolique & à l'alkali marin. La décompofition de ce sel prouve la même chofe, & les moyens d'y parvenir font les mêmes que ceux qu'on emploie pour décompofer le tartre vitriolé ; favoir, le phlogiftique, la voie des doubles affinités, & l'acide nitreux dans lequel on fait bouillir le sel de Glauber. Il s'élève encore, pendant la diffolution, des vapeurs qui ont l'odeur d'acide marin ; & après que la liqueur a été évaporée, on retrouve un véritable nitre cubique.

Le sel de Glauber, quoique formé du même acide que le tartre vitriolé, en diffère cependant par fa faveur qui est bien plus marquée, par la grosseur de ses crystaux, par la quantité d'eau qu'il retient dans sa crystallisation; enfin par sa dissolubilité qui est beaucoup plus grande. Toutes ces différences ne peuvent venir que de l'alkali, qui, quoique de nature fixe, s'éloigne assez de l'alkali déliquescent, pour que la combinaison qu'il forme avec l'acide vitriolique soit moins exacte. On voit en effet que le tartre vitriolé, qui est formé des deux sels simples les plus parfaits en leur genre, ceux dont la tendance à la combinaison étoit la plus forte, est aussi celui dans lequel cette combinaison est le mieux satisfaite; car si on compare aux propriétés de l'acide vitriolique & de l'alkali déliquescent, celles qu'on retrouve dans le tartre vitriolé, on ne trouvera dans ce sel qu'une saveur assez médiocre, & très-peu de dissolubilité dans l'eau; tandis que le sel de Glauber qui a pour base un alkali moins dissoluble, se dissout cependant avec une très-grande facilité.

Usages du Sel de Glauber.

Le sel de Glauber est d'usage en Médecine, comme fondant lorsqu'on le prend en petite dose, & étendu de beaucoup d'eau : il devient purgatif quand il est rapproché, & pris en quantité plus considérable.

ESPECE III.

Nitre. *Nitrum.* WALL. *Nitrum humosum.* LINN.

Le nitre est un sel neutre parfait formé par l'union de l'acide nitreux à l'alkali déliquescent. La saveur de ce sel est fraîche & un peu amère. Il se dissout dans environ six parties d'eau froide ; l'eau bouillante en dissout une bien plus grande quantité ; aussi ce sel est-il du nombre de ceux qui cryftallisent avec facilité par le refroidissement lent de leur dissolution. Les cryftaux de nitre font des prismes hexagones, dont les extrémités font souvent taillées en bizeau ; ils font communément percés d'un canal dans toute leur longueur ; mis fur des charbons ardens, ils fufent & s'enflamment, les Chymiftes ont nommé ce phénomène *détonnation*.

Origine du Nitre.

On croit que le nitre fe forme journellement : on en trouve de naturel aux Grandes-Indes cryftallifé fur des pierres ; on le nomme *nitre* ou *falpêtre de houffage*. Wallérius parle d'une efpèce de roche grife qu'on trouve en Finlande, qu'on appelle *rapakivi*, & dans laquelle il entre beaucoup de fpath : cette pierre fe décompofe à l'air, & fournit beaucoup de nitre par la lixiviation, au rapport de ce Naturalifte : il la nomme, *faxum in aere deliquefcens, nitrofum*. On trouve beaucoup de terres nitreufes. M. Rouelle le jeune, dit qu'on retire du nitre de l'eau des puits de Paris ; cet habile Chymifte affure que les pierres calcaires en contiennent, & qu'il exifte dans un grand

nombre de fubftances du Règne Minéral. Les plantes font les matrices ordinaires du nitre, on en trouve cependant dans quelques humeurs animales.

La plus·grande partie du nitre qui
fe débite dans le commerce, eft tiré des
démolitions des vieux bâtimens par les
Salpétriers. Ils prennent pour leur
travail vingt-quatre tonneaux difpofés
en trois rangs, de huit chacun; le
fond de ces tonneaux eft percé d'un
trou qu'on bouche avec des pailles,
comme les cuviers dont fe fervent les
blanchiffeufes pour couler leur leffive:
on met dans chaque tonneau un faux-
fonds porté fur des nattes de paille,
& c'eft fur ce faux fonds qu'on met
premièrement des cendres, environ la
fixième partie de ce que peut contenir
le tonneau; on le remplit enfuite avec
des platras caffés en petits morceaux;
puis on verfe de l'eau pour en faire
la leffive; cette eau fort par les pailles, & eft reçue dans un baquet qu'on
a mis au-deffous. La liqueur fortie des

tonneaux de la première rangée, eſt reverſée ſur ceux de la ſeconde ; celle-ci, ſur ceux de la troiſième, & lorſqu'on ne la trouve pas encore aſſez chargée, on la fait paſſer ſur une nouvelle rangée de tonneaux pleins de matières neuves. Les Salpétriers ont toujours le ſoin de verſer de nouvelle eau ſur les platras, qu'ils ſoupçonnent ne contenir que peu de ſel, afin qu'elle le diſſolve ; ils la font paſſer enſuite ſucceſſivement ſur des matières qui en contiennent davantage : enfin, lorſque l'eau eſt ſuffiſamment chargée, on la fait évaporer dans des chaudières de cuivre ; pendant l'évaporation, il ſe fait une pellicule à la ſurface des chaudières ; les ouvriers la nomment le *grain* ; ils l'enlèvent avec des écumoires de cuivre, & la mettent à égoutter dans des paniers d'oſiers, ſuſpendus au-deſſus de chaque chaudière : ce grain eſt une portion de ſel marin, qui cryſtalliſe par évaporation. Lorſque la leſſive eſt ſuffiſamment rapprochée,

ce qu'ils connoiſſent lorſqu'en en mettant ſur une aſſiette, elle cryſtalliſe,
ils la verſent dans des baquets de bois,
ou dans des chaudières de cuivre qu'ils
nomment *recevoirs :* après qu'elle y eſt
reſtée une demi-heure, pour y dépoſer les ordures qu'elle peut contenir,
on la tire par le moyen d'un robinet,
placé à quatre pouces au-deſſus du fond
du recevoir, & on la met à cryſtalliſer dans des baſſines de cuivre : au
bout de quatre jours, on ſépare le ſel
de l'eau-mère dans laquelle il s'eſt cryſtalliſé : on le nomme *nitre de la première cuite :* il eſt gras, & contient encore beaucoup de ſel marin ; pour le
purifier, on le met dans une chaudière
de cuivre ſur le feu, & on facilite ſa
diſſolution en y ajoutant un peu d'eau ;
il s'élève une première écume qu'on
enlève, après quoi on verſe dans la liqueur une certaine quantité de colle
d'Angleterre diſſoute dans l'eau ; cette
colle y produit une ſeconde écume
noirâtre, qu'on enlève auſſi exacte-

ment : on continue de faire bouillir la leſſive, & il ſe forme du grain que les Salpétriers enlèvent comme dans la première cuite. Lorſque le grain ceſſe de paroître, & que la liqueur de nitre eſt ſuffiſamment rapprochée, on la puiſe & on la met à cryſtalliſer dans des baſſines de cuivre, fermées d'un couvercle de bois ; on laiſſe la cryſtalliſation ſe faire lentement : quatre jours après on vuide les baſſines ; on ſépare le ſel de l'eau-mère ; c'eſt le nitre de la ſeconde cuite.

Les Diſtillateurs l'emploient pour en tirer l'eau-forte : on purifie de nouveau le nitre de la ſeconde cuite, comme on a fait pour celui de la première, en obſervant ſeulement d'employer moins de colle-forte pour la clarification. Les eaux-mères des différentes cryſtalliſations étant évaporées, fourniſſent encore du nitre, mais qui eſt très-impur, & qu'on peut regarder comme celui de la première cuite. Enfin, lorſque ces eaux ne ſont plus

en état de fournir de salpêtre, les ouvriers les jettent fur des platras épuifés,
& après un laps de temps, ils les ex-
ploitent comme neufs.

Plufieurs Chymiftes ont cru que les
platras ne contenoient que du nitre à
bafe terreufe, & que les cendres qu'on
ajoutoit dans leur leffive fourniffoient
la quantité d'alkali néceffaire pour précipiter la terre, faturer l'acide, & le
convertir en un véritable nitre : mais
M. Rouelle le jeune a démontré que
ce fel exiftoit tout formé, à bafe d'alkali fixe, dans les platras : d'ailleurs
ce célèbre Chymifte a obfervé très-
judicieufement, que la plus grande
partie des cendres qu'on emploie dans
le travail du falpêtre, étant produite
par la combuftion des bois flottés, elles
ne contiennent que peu ou point d'alkali fixe, & que leur principal ufage
eft de dégraiffer le nitre & de le rendre
plus pur. Quoi qu'il en foit, on trouve
dans les eaux-mères une affez grande
quantité de nitre à bafe calcaire, dont

on peut tirer parti, en y verfant une leffive d'alkali fixe déliquefcent, qui en précipite la terre nommée *magnéfie*, & forme avec l'acide nitreux de véritable falpêtre. On prépare auffi une magnéfie differente, en faifant évaporer ces eaux-mères & les calcinant ; mais ces magnéfies font toujours fort impures, parcequ'on n'eft jamais certain d'enlever tous les fels marins & nitreux qui font contenus dans ces eaux-mères.

Le nitre de la troifième cuite eft le plus pur des arfenaux ; c'eft celui qu'on emploie pour la fabrique de la poudre à canon. Les Chymiftes ne le trouvent point encore tel qu'ils le defirent pour leurs opérations ; ils le raffinent de nouveau en le diffolvant dans l'eau bouillante, & le laiffant refroidir le plus lentement poffible, pour qu'il forme de beaux cryftaux. Il faut obferver que quoique le nitre de la troifième cuite contienne encore du fel marin, ce fel ne cryftallife point avec le nitre ;

la raison en eſt que ce ſel, n'étant preſque pas plus diſſoluble dans l'eau bouillante que dans l'eau froide, reſte en
diſſolution dans l'eau - mère refroidie,
tandis que tout le nitre, qui n'étoit diſſous qu'à l'aide de la chaleur, eſt déja
cryſtalliſé.

Analyſe du Nitre.

On reconnoît que le nitre eſt compoſé d'acide nitreux & d'alkali déliqueſcent, parcequ'en combinant ces
deux ſels enſemble juſqu'à parfaite ſa-
turation, on en forme du nitre. La
même choſe a lieu lorſqu'on décompoſe le tartre vitriolé par l'intermède
de l'acide nitreux, ou le ſel fébrifuge
par le même acide ; ou enfin tout autre
ſel dont la baſe ſoit l'alkali fixe déliqueſcent. La décompoſition du nitre
prouve la même choſe, & peut s'opérer
de pluſieurs. manières.

1.º Si on met du nitre dans un creuſet
ſur le feu, il ſe liquéfie de même que
tous les ſels qui ſe diſſolvent en quan-

tité beaucoup plus confidérable dans l'eau chaude que dans l'eau froide ; il fe sèche enfuite à mefure qu'il perd de fon humidité, puis il entre de nouveau en une véritable fufion ignée. Si on le tient dans cet état pendant plufieurs heures, on trouve qu'une très-grande quantité d'alkali fixe a perdu fon acide : on nomme ce produit *nitre alkalifé par lui-même*. Du nitre, mis feul en diftillation dans une cornue de grais, perd un peu de fon acide qui paffe dans le récipient qu'on a eu foin d'ajufter à la cornue. Il faut obferver que cette opération a été faite dans une cornue de grais, & que peut-être réuffiroit-elle autrement dans des vaiffeaux de verre ; d'ailleurs la diftillation ne peut jamais être pouffée fort loin, parceque le feu néceffaire pour opérer la décompofition du nitre eft plus que fuffifant pour faire fondre la cornue qui le contient, & à laquelle il fert même de fondant.

2.° Le nitre diftillé avec du fable laiffe

laiſſe échapper ſon acide ; mais cette opération ne peut être pouſſée plus loin que la précédente, par la même raiſon. Le réſidu eſt une eſpèce de *fritte* dont le fond eſt entièrement vitrifié, & la partie ſupérieure ſenſiblement alkaline.

3.° Les argilles décompoſent le nitre avec beaucoup de facilité, ſur-tout celles qui ſont colorées. Si l'argille qu'on emploie eſt humide, & que le nitre ne ſoit pas bien deſſéché, on retire un acide très-phlegmatique, qu'on nomme *eau-forte* ; ſi les matières qu'on met en diſtillation ſont plus sèches, on retire un acide plus concentré : le réſidu de cette opération eſt une maſſe ter-reuſe rougeâtre, dont on tire par le la-vage beaucoup de l'alkali fixe qui ſer-voit de baſe au nitre, & de plus une petite portion de tartre vitriolé, formé par une partie de cet alkali fixe qui s'eſt combiné à l'acide vitriolique de l'argille.

4.° L'acide vitriolique verſé ſur du

nitre le décompose & en dégage l'acide. Si on fait l'opération dans une cornue tubulée, à laquelle on ait adapté plusieurs ballons enfilés, pour condenser les vapeurs qui distillent & recevoir la liqueur, on obtient un acide nitreux, auquel les Chymistes ont donné le nom d'*esprit de nitre à la manière de Glauber*. Cet acide est d'autant plus coloré, & répand des vapeurs d'autant plus épaisses, que le nitre qui a été décomposé, étoit plus sec, & l'acide vitriolique qui en a opéré la décomposition plus concentré : le résidu de cette distillation est un vrai tartre vitriolé qu'on a désigné sous le nom particulier de *sel de duobus*, ou *arcanum duplicatum*.

5.° Les sels vitrioliques à base métallique, mis en distillation avec le nitre, en dégagent l'acide. Le vitriol de fer est celui qu'on emploie communément à cet usage : on le fait dessécher sur le feu jusqu'à ce qu'il soit blanc ; on le mêle ensuite avec le nitre dans une cornue placée dans un fourneau de reverbère ; après avoir adapté un grand ballon, lutté exactement avec le lut gras couvert d'une bande de linge enduite de chaux éteinte & de blanc d'œuf, on procède à la diſtillation d'abord très-lentement ; à meſure que les vaiſſeaux ſe deſsèchent & s'échauffent, on augmente le feu, juſqu'à ce qu'il ne paſſe plus rien : le produit de cette diſtillation eſt un acide nitreux d'un jaune rougeâtre, qui répand des vapeurs aſſez épaiſſes. Cet acide ne diffère preſque point de l'eſprit de nitre préparé à la manière de Glauber : la maſſe qui reſte dans la cornue eſt rouge ; en la leſſivant avec de l'eau bouillante, & filtrant la leſſive, on en obtient par l'évaporation un tartre vitriolé : on délaye dans une nouvelle quantité d'eau la maſſe qui eſt reſtée ſur le filtre, privée de toute matière ſaline ; après avoir laiſſé dépoſer la portion la plus groſſière, on décante l'eau trouble, & on la laiſſe précipiter. Ce ſecond dépôt qu'elle

G g 2

forme eſt une terre ferrugineuſe très-fine, nommée *terre douce de vitriol :* c'eſt en effet la terre du fer qui étoit tenue en diſſolution par l'acide vitriolique. Lorſqu'on diſtille le nitre bien deſſéché avec un vitriol qui ait été calciné juſqu'au rouge, on a un acide d'une couleur très-rembrunie, qui exhale des vapeurs très-rouſſes & très-épaiſſes : on l'a nommé, à cauſe de ſa couleur, *ſang de la ſalamandre.* Enfin, ſi on a fait fondre le nitre avant de le diſtiller, & qu'on emploie pour le décompoſer le vitriol martial calciné juſqu'à ce qu'il ait pris une couleur rouge très-foncée, on obtient un premier eſprit de nitre d'un verd obſcur, qui exhale des vapeurs très-rouges & très-épaiſſes : cette liqueur en ſurnage une ſeconde qui a beaucoup plus de conſiſtance, & dont la couleur eſt d'un blanc jaunâtre ; ces deux liqueurs ne ſe mêlent point enſemble. Sur la fin de la diſtillation il paſſe une matière ſaline concrète ; c'eſt une véritable *huile de vitriol glaciale ,* qui fe diffout dans l'eau avec beaucoup de rapidité, produit une chaleur con-fidérable, & laiffe échapper, dans le moment de fa diffolution, des vapeurs d'acide nitreux très - épaiffes : enfin, elle forme par fon union à l'alkali dé-liquefcent un vrai tartre vitriolé. On doit procéder dans cette opération le plus lentement poffible, parceque les vapeurs font fujettes à rompre les luts. Il faut cependant, fur la fin, employer un feu d'une violence extrême, & tel que le fer qui fervoit de bafe au vitriol martial fe fonde : on le retrouve en maffes, plus ou moins groffes, dans le réfidu de la diftillation, & on n'en peut féparer ni tartre vitriolé, ni terre douce de vitriol.

6.° Les fels fédatifs féparés du borax par les différens acides, ont également la propriété de décompofer le nitre & d'en dégager l'acide · le réfidu de cette opération eft une efpèce de borax dont la bafe eft un alkali déliquef-cent.

7.° L'arſenic décompoſe auſſi le nitre, dégage ſon acide, & forme avec ſa baſe alkaline un ſel que M. Macquer a le premier fait connoître, & qu'il a nommé *ſel neutre arſénical*. Comme l'arſenic eſt fort ſec, il faut mettre de l'eau dans le ballon qui reçoit les vapeurs, afin qu'elles puiſſent ſe condenſer : c'eſt cette eau qui produit la couleur verte de l'eſprit de nitre tiré par l'arſenic.

Dans toutes ces décompoſitions du nitre, on retrouve ſon acide & l'alkali qui lui ſervoit de baſe ; mais il eſt des moyens de décompoſer ce ſel qui en détruiſent l'acide.

1.° Si on jette du nitre ſur des charbons embraſés, il détonne, & on ne retrouve plus après ſa détonnation que de l'alkali fixe.

2.° Un mélange de nitre & de charbon, projetté par cuillerées dans un creuſet rougi, produit une détonnation vive, & il ne reſte après que de l'alkali fixe uni à la cendre des charbons.

3.° Si on mêle parties égales de tartre

& de nitre en poudre, & qu'on leur applique un charbon allumé, toute la maffe brûle rapidement, & ne laiffe après la déronnation qu'une matière nommée *flux blanc* : c'eft un mélange de l'alkali du tartre & de la bafe du nitre. Lorfqu'on met deux parties de tartre contre une de nitre, la détonnation eft moins rapide, & le produit eft noir, parcequ'il contient une portion de tartre, qui, n'ayant pas été parfaitement calcinée, refte dans l'état de charbon : cette matière forme le *flux noir*. Ce nom de flux leur a été donné, parcequ'on emploie ces alkalis pour fondre les métaux. On les défigne auffi fous les noms de *nitre alkalifé par le tartre, alkali extemporané.*

4.° Les métaux abondans en phlogiftique, tels que l'antimoine, le zinc, l'étain, le fer, peuvent également opérer la détonnation du nitre, lorfqu'on mêle leur limaille avec ce fel réduit en poudre, & qu'on leur applique un charbon allumé, ou qu'on les projette dans un creuset rougi : la détonnation qui arrive dans ce cas est très-vive, & on retrouve, après qu'elle est achevée, l'alkali fixe qui servoit de base au nitre, & le métal réduit en une chaux d'autant plus parfaite, que la quantité de nitre étoit plus considérable.

Toutes ces détonnations du nitre ont lieu, parceque l'acide nitreux qui est dans ce sel s'y trouve dans l'état de la plus grande siccité possible ; cet acide ayant d'ailleurs une très-grande affinité avec le phlogistique qu'il trouve tout développé, s'unit à lui, & forme un soufre nitreux qui s'embrase avec rapidité dans l'instant même de sa formation. Dans cette inflammation, non-seulement le phlogistique surabondant est brûlé, mais encore tout celui qui constituoit l'acide nitreux, comme on peut s'en assurer par les *clyssus du nitre*. Pour faire cette opération, on prend une cornue tubulée, de terre ou de fer, qu'on place sur un fourneau ; on ajuste à son col un appareil de plusieurs grands ballons

ballons enfilés, obſervant que le dernier ait un petit trou qu'on laiſſe ouvert pour prévenir la rupture des vaiſſeaux. On fait rougir le fond de la cornue, puis on verſe par la tubulure le mélange du nitre, & de la matière inflammable qui doit opérer ſa décompoſition ; la détonnation a lieu ; les vapeurs qui s'en élèvent enfilent l'appareil des ballons ; & lorſqu'elles ſont condenſées, on ne retrouve dans les derniers que de l'eau pure. Le premier contient un peu d'alkali volatil, mais pas un atôme d'acide ; ce qui prouve qu'il a été complettement détruit & réduit en ſes principes d'eau, de terre & de phlogiſtique. A l'égard de l'alkali volatil qu'on retrouve dans le premier ballon, il paroît produit par une portion de l'alkali fixe du nitre, qui a été volatiliſée par la violence de la détonnation, & à l'aide peut-être d'un peu du principe inflammable de l'acide, ou des corps qui ont ſervi à ſa décompoſition.

5.° Le ſoufre jetté ſur du nitre en

fufion, le fait détonner ; il fe produit une flamme très-vive dont la couleur eft blanche, & non pas bleue comme feroit celle du foufre. Lorfque la détonnation eft achevée, on retrouve dans le creufet une maffe faline qu'on nomme *fel polychrefte de Glafer ;* cette maffe diffoute & évaporée n'eft que du tartre vitriolé. Dans cette o pération le phlogiftique quitte l'acide vitriolique auquel il eft uni dans le foufre, pour fe joindre à l'acide nitreux , avec leque il forme un nouveau foufre nitreux qui s'embrafe, & l'acide vitriolique fe combine avec l'alkali fixe qui fervoit de bafe au nitre : ainfi il paroît que la décompofition du foufre a lieu , en vertu de la loi déja reconnue des doubles affinités.

Ufages du Nitre.

Le nitre eft employé en Médecine comme diurétique & rafraîchiffant. On le prefcrit à petites dofes, comme d'un fcrupule ou d'un demi gros , étendu dans une pinte de liqueur. On fait en Pharmacie une préparation fort ufitée, connue fous le nom de *cryftal minéral*, en faifant fondre du nitre dans un creu-fet, & jettant deffus, lorfqu'il eft en parfaite fufion, une petite quantité de fleurs de foufre. On coule le fel en fu-fion fur une pierre ou dans une baffine; il s'étend en une efpèce de matière vi-treufe & non tranfparente. On peut s'en fervir comme du nitre. Ce n'eft en effet que ce fel privé de fon eau de cryftallifation, & uni à un peu de tartre vitriolé, formé par l'acide du foufre uni à l'alkali fixe du nitre, dont l'acide a été enlevé au moment de la détonna-tion. C'eft fur-tout dans les lavemens qu'on fait ufage du cryftal minéral.

Les Médecins emploient la magnéfie comme abforbante. En effet, celle qui a été précipitée de l'eau-mère du nitre & lavée avec foin, eft une terre cal-caire très-divifée. On en prépare une autre par la calcination; celle-ci eft plus ou moins purgative; mais fon ufa-

ge n'eft pas conftant, parcequ'un degré de feu un peu plus , ou un peu
moins fort, peut en enlevant ou en
laiffant quelques-uns des fels neutres
qu'elle contient , changer fingulièrement fes propriétés.

La facilité avec laquelle le nitre détonne, le rend d'un très-grand ufage
dans l'artifice. Soixante-quinze parties &
demie de ce fel, quinze parties & demie de charbon , neuf parties & demie de foufre , forment la poudre à
canon. On pile le mélange pendant
douze heures de fuite dans un mortier
de bois avec un pilon femblable , en
ajoutant de temps en temps un peu
d'eau pour empêcher que la matière
ne s'enflamme. Dans les travaux en
grand , plufieurs pilons font mûs à l'aide
d'une roue que l'eau fait tourner.
La pâte étant prefque sèche , on l'é-
tend fur un crible , & on la preffe avec
une plaque de bois horizontale , qui
la fait paffer par les trous du crible en
grains plus ou moins gros : les plus gros

font la poudre pour les canons ; on liſſe les plus petits par un moyen fort ſimple. On prend un tonneau percé dans ſon milieu par un axe ſur lequel il eſt mobile ; on emplit ce tonneau de poudre , & on le fait tourner rapidement ; les grains de poudre ſe liſſent par les frottemens qu'ils éprouvent. La poudre liſſée a le grain plus égal & plus fin : on s'en ſert pour les fuſils.

On fait avec trois parties de ſalpètre , une de ſoufre , & deux d'alkali fixe bien ſec, une poudre dont les effets ſont beaucoup plus violents que ceux de la poudre à canon : on la nomme *poudre fulminante.* Si on la met ſur une pelle de fer , & qu'on la faſſe chauffer lentement, elle détonne avec un bruit conſidérable. Dans cette opération le feu fait fondre le ſoufre, qui forme avec l'alkali une eſpèce de pâte ou foie de ſoufre qui enveloppe le nitre & l'embarraſſe ; lorſqu'enfin une molécule de ſoufre vient à s'allumer, le nitre détonne, & fait d'autant plus de bruit qu'il a plus de réfistance à vaincre.

E S P E C E IV.

Nitre cubique. *Nitrum cubicum, feu qua-drangulare.*

Le nitre cubique eft un fel neutre parfait, formé par la combinaifon de l'acide nitreux uni jufqu'à parfaite faturation à l'alkali marin. La faveur de ce fel ne diffère pas beaucoup de celle du nitre. Il fe diffout affez facilement dans l'eau froide : l'eau chaude n'en diffout guère plus ; auffi n'en obtient-on jamais de plus beaux cryftaux, que par l'évaporation très - lente de fa diffolution. Ces cryftaux font des cubes réguliers qui fufent fur les charbons ardens, comme ceux du nitre.

Origine du Nitre cubique.

On ne trouve en aucun endroit le nitre cubique formé par la nature ; il eft toujours un produit de l'art qui le fait en combinant directement l'acide nitreux à l'alkali marin, ou en dégageant l'acide vitriolique qui eſt dans le ſel de Glauber par l'ébullition dans l'eau-forte ; ou enfin en décompoſant le ſel marin par l'acide nitreux.

Analyſe du Nitre cubique.

La formation du nitre cubique ſuffit pour faire connoître la nature de ce ſel. Les moyens de le décompoſer , ſont les mêmes que ceux qu'on a employés pour opérer la décompoſition du nitre.

Ce ſel n'eſt point d'uſage.

E S P E C E V.

Sel fébrifuge de Sylvius. *Sal febrifugum Sylvii.*

Le ſel fébrifuge de Sylvius eſt formé par l'acide marin uni à l'alkali déliqueſcent. Ce ſel a une ſaveur ſalée un peu amère & déſagréable. Il ſe diſſout dans environ trois fois ſon poids d'eau froide ; l'eau chaude n'en diſſout guère plus ; les plus beaux cryſtaux s'obtiennent par l'évaporation lente, & forment des cubes ; ils décrépitent ſur le feu, ne ſe fondent que difficilement, & ne ſe volatiliſent qu'à l'extrême violence du feu.

Origine du Sel fébrifuge.

Le ſel fébrifuge ſe trouve dans preſque tous les lieux où ſe forme le nitre. On le tire auſſi de pluſieurs plantes. L'art le produit, ſoit en combinant directement l'acide marin à l'alkali déliqueſcent, ſoit en décompoſant le ſel ammoniac ou quelque ſel marin à baſe terreuſe ou métallique, par l'intermède de cet alkali fixe.

Analyſe du Sel fébrifuge.

La formation artificielle du ſel fébrifuge fait connoître aſſez quels ſont les principes qui le conſtituent. La décompoſition de ce ſel le prouve également, & peut ſe faire à l'aide des acides vitrioliques & nitreux, purs ou engagés dans quelque base avec laquelle ils aient moins d'affinité qu'ils n'en ont avec l'alkali fixe. Les sels sédatifs peuvent également décomposer ce sel.

Usages du Sel fébrifuge.

Le sel fébrifuge a été regardé pendant long-temps comme un excellent remède dans les fièvres lentes ; il est en effet fondant & apéritif ; mais ces propriétés lui sont communes avec tous les sels amers ; il est même inférieur à ceux qui ont une saveur plus marquée que lui, comme le sel de Glauber & le tartre vitriolé ; aussi se sert-on aujourd'hui de ces derniers par préférence.

ESPECE VI.

Sel marin. *Sal marinum. Muria marina.* WALL. *Muria nuda, marina.* LINN.

Le sel marin est un sel neutre parfait, formé par l'union de l'acide marin à l'alkali marin. Sa saveur est salée. Il se disfout dans deux parties & demie d'eau froide ; l'eau chaude n'en diffout pas davantage ; auffi obtient - on les plus beaux cryftaux de ce fel par l'évaporation lente de fa diffolution : leur figure eft un cube & fouvent une efpèce de trémie formée de plufieurs cubes qui laiffent un vuide entr'eux. Ce fel décrépite fur le feu & ne fe fond que difficilement : il ne fe volatilife non plus qu'à un degré de chaleur très-confidérable.

Origine du Sel marin

On trouve le fel marin naturellement cryftallifé en cubes très-réguliers. Souvent il forme des maffes tranfparentes ; quelquefois auffi il eft teint par quelques matières colorantes : on a donné à ce fel qui fe trouve dans les entrailles de la terre, & qui a la tranfparence des pierres vitreufes, le nom de fel gemme. *Muria foffilis pura* ; WALL. *Muria nuda foffilis.* LINN. Les lieux où on rencontre le fel gemme, font la Catalogne, la Calabre, la Hongrie, la Tranfylvanie, la Mofcovie, le Tirol, & fur-tout la Pologne, près des endroits nommés *Wieliczka* & *Bochnia*. Les mines de Wieliczka fituées au pied des Monts Crapacks, environ à deux lieues de Cracovie, font placées dans une plaine bornée au Nord & au Midi de montagnes d'une hauteur médiocre ; ces mines font creufées fous la ville même ; les galeries fouterraines s'étendent même beaucoup au-delà ; elles ont fix mille pieds de longueur d'Orient en Occident, deux mille du Nord au Midi, & huit cent pieds de profondeur : on ne fait même encore où finiffent ces couches immenfes de fel gemme. Les mines de Bochnia font également placées dans une plaine entourée de montagnes ; elles ont beaucoup moins d'étendue que celles de Wieliczka ; elles font beaucoup plus fujettes à produire de ces vapeurs qui s'enflamment à l'approche d'une lumière, & que les ouvriers nomment *moufettes.* Indépendamment des maffes de fel gemme, on le trouve auffi mêlé à de la terre : Wallérius le nomme *muria foffilis terrâ mineralifata.* L'eau de la mer & les fontaines falées tiennent en diffolution une très - grande quantité de fel marin qu'on en retire par plufieurs procédés différens.

La plus fimple de toutes ces opérations eft celle qui fe fait dans des marais falans, comme à *Peyrac,* à *Sijan* & à *Pecais* en Languedoc. On choifit un terrein argilleux & bas , dans lequel on forme plufieurs baffins dont un eft plus grand que les autres : ils font partagés par de petites digues, & on peut à volonté faire paffer l'eau dans chacune des féparations. Lorfque la terre eft bien unie , on y fait entrer l'eau à la marée montante, à la hauteur de quelques pouces ; on ferme enfuite le marais à l'aide des éclufes ; le foleil venant à frapper cette eau en procure l'évaporation, & le fel cryftallife à la furface. Lorfque la pellicule a acquis une certaine épaiſſeur, on la caſſe & on la fait tomber au fond ; on la retire enſuite avec des rateaux de bois, & on la met en petits monceaux au bord du marais pour la faire ſécher. On dreſſe enſuite le ſel en piles plus conſidérables, qu'on couvre de joncs pour le préſerver de la pluie. Le ſel ne peut cryſtalliſer de cette manière que depuis le mois de mai juſqu'au mois de ſeptembre. Plus le temps eſt ſec & l'air agité, & plus on en retire : la pluie gâte tout l'ouvrage en diſſolvant ce ſel déja formé, & en étendant dans une plus grande quantité d'eau celui qui étoit prêt à cryſtalliſer. Il eſt même néceſſaire, lorſque les pluies ont été fort abondantes, de faire ſortir l'eau des marais, & d'en faire entrer de nouvelle.

Le ſel qu'on retire des marais ſalans eſt toujours en aſſez gros cryſtaux, parceque l'évaporation eſt très-lente, mais ſa couleur eſt griſe, parcequ'il contient des molécules terreuſes qui le ſaliſſent.

On fait dans les falines de l'*Avran-chin* un travail différent, qui a été décrit par M. Guettard dans les *Mémoires de l'Académie des Sciences*, année 1758. La côte de Normandie forme dans cet endroit, avec une partie de la baffe Bretagne, une baie dans laquelle fe trouvent placés les rochers de S. Michel & de Tombelaine. La plage eft très-plate, & eft couverte d'un fable très-fin. Lorfque la mer eft calme elle entre doucement dans cette baie, & n'entraîne avec elle prefque aucun corps étranger, fi ce n'eft une portion de glaife exceffivement fine, dans laquelle les voyageurs font fujets à s'enfoncer. Comme l'eau ne monte dans cet endroit que dans les hautes marées, & qu'elle forme une forte d'étang affez tranquille, le fel fe dépofe facilement; lorfque la mer eft retirée, on relève le fable avec un rateau, & on le met en petits tas dont on forme enfuite une pyramide, conftruite de manière à repréfenter un efcalier en vis. On couvre ces pyramides de petits fagots enduits de terre glaise, & on les laisse en cet état jusqu'à ce qu'on en fasse le lavage. Le lavoir est établi sur une masse de terre glaise, de neuf pieds en quarré, sur laquelle on pose deux pierres qui doivent porter la fosse : elle est faite de quatre planches assemblées qui forment un chassis ; le fond est composé de plusieurs petites solives équarries, dont les bouts portent sur les deux pierres, de manière à laisser quelque distance entre la fosse & la base de terre qui la supporte ; on étend de la paille sur les solives qui forment le fond de la fosse, & on pose dessus un second fond fait de planches qui laissent quelqu'intervalle entr'elles, pour laisser couler l'eau des lavages. La fosse étant remplie de sable, on met au-dessus, dans un des coins, un petit fagot de bois, sur lequel on verse de l'eau de mer, qui, par ce moyen, ne creuse pas le sable, & s'étend par-tout également. L'eau qui a servi au lavage s'écoule par

un canal placé fur le fond, à une des extrémités de la foſſe : ce canal va juſques dans l'attelier verſer l'eau ſalée dans des cuves deſtinées à la recevoir. On éprouve cette eau en y jettant une petite boule de cire leſtée d'un peu de plomb dans ſon centre ; lorſqu'elle ſurnage la liqueur, la liqueur eſt aſſez chargée de ſel : on la met alors évaporer dans des chaudières de plomb quarrées, qui ont vingt-ſix pouces de long ſur vingt-deux de large, & environ deux de profondeur. Trois de ces chaudières ſont placées ſur un fourneau fait de glaiſe délayée dans de l'eau ſalée : on met le bois par des ouvertures circulaires, pratiquées dans le fourneau au-deſſus de chaque chaudière, & la fumée paſſe entre les plombs & les fourneaux. On pouſſe le feu vivement d'abord, pour faire bouillir la liqueur & lui faire pouſſer ſes écumes qu'on enlève avec ſoin ; après qu'elles ont été enlevées, on diminue un peu le feu, & on continue l'évaporation. Lorſqu'elle eſt preſque

que achevée, il faut avoir ſoin de re-
muer le ſel, de peur qu'il ne brûle au
fond, & que les chaudières ne ſe fondent. Enfin, lorſqu'il eſt deſſéché au
point convenable, on le met dans des
paniers ſuſpendus au-deſſus des chaudières, pour que l'eau s'égoutte dans
la nouvelle liqueur qu'on met à évaporer ; le ſel qu'on retire par ce moyen
eſt très-blanc, parcequ'il ne contient
aucune des ſaletés qu'on trouve dans
les marais ſalans ; mais comme on le
fait évaporer très-rapidement, il ne
forme pas des cryſtaux auſſi réguliers ;
il eſt d'ailleurs fort impur, & contient,
indépendamment du ſel marin, une
quantité plus ou moins grande de ſel
de Glauber, qui étoit tenu en diſſolution dans l'eau de la mer, & un peu de
ſel à baſe terreuſe. Le ſable qui reſte
après qu'on en a enlevé la partie ſaline
par la lavage, eſt employé par les
payſans du lieu pour engraiſſer leurs
terres.

A Moyenwic on ſuit un autre route

pour tirer le sel des fontaines salées qui se trouvent abondamment répandues dans le terrein de la Lorraine. Toutes ces eaux se rassemblent dans deux puits d'où on les retire par le moyen d'une chaîne sans fin, à laquelle sont attachés des espèces d'outres de cuir, qui puisent l'eau & la versent dans un réservoir, d'où elle est ensuite portée par le moyen de conduits aux poëles dans lesquelles s'en fait l'évaporation. Ces poëles sont faites de feuilles de fer battu, & liées par de gros clous rivés des deux côtés ; chaque poële a vingt-quatre pieds en quarré , & environ deux pieds de profondeur ; elles sont placées sur un fourneau , & soutenues par quatre saumons de fer qui sont aux quatre angles ; le fourneau est ouvert en devant pour mettre le bois , & derrière chaque poële sont deux trous qui servent de cheminée , à l'ouverture desquels sont placées deux poëles plus petites , qui reçoivent l'eau du réservoir & la versent ensuite dans la grande

poële, après lui avoir fait prendre un
certain degré de chaleur. Le premier
coup de feu qu'on donne eſt très-fort,
& la liqueur ne tarde pas à bouillir ;
l'évaporation même eſt ſi forte que
l'eau qui eſt verſée continuellement des
petites poëles dans la grande, ne ſuffit
pas pour remplacer celle qui ſe diſſipe.
Lorſqu'on voit paroître une crême ſaline à la ſurface de la liqueur, on empêche l'eau de tomber du réſervoir, en
fermant le robinet qui la conduit : on
continue le feu avec un peu moins de
violence, & à meſure que l'évaporation
ſe fait, & que la pellicule devient plus
épaiſſe, elle tombe dans des vaſes placés dans le fond, & ſur le derrière de
la poële où le bouillon rejette les écumes. Ces petits vaſes, qu'on nomme
augelots, ſont des eſpèces de poëles de
fer dont les bords ſont elevés de quatre pouces de haut ; la matière qui y
tombe ne recevant pas d'agitation par
l'ébullition n'en peut ſortir. Le premier
précipité qui ſe forme eſt entièrement

dû à la sélénite, qui, comme sel moins dissoluble, crystallise d'abord : les ouvriers nomment *schlot* ce premier précipité. Lorsqu'on voit paroître de petits cubes à la surface de la liqueur, on enlève les augelots pleins de *schlot* , & après les avoir vuidés , on les remet dans les poëles pour recevoir les pellicules de sel marin à mesure qu'elles se précipitent. On fait ensuite égoutter ce sel sur des claies , puis on le met dans une sebile de bois ; on l'arrose d'un peu d'eau pour que les crystaux s'attachent les uns aux autres, & que le sel se mette en masses qu'on fait dessécher dans une étuve.

Dans quelques salines de Franche-Comté & de Lorraine , on réunit l'action de l'air & celle du feu, pour produire l'évaporation de l'eau & la crystallisation du sel. Le lieu où commence l'évaporation se nomme *bâtiment de graduation* ; c'est un hangar long , garni de tablettes, sur lesquelles sont posés de petits fagots d'épines ; les eaux salées tombant fur ces fagots, d'une auge qui eſt placée au haut du bâtiment, préſentent une ſurface conſidérable à l'air qui circule ſous le hangar, & qui en évapore une partie, enſorte qu'elle retombe dans une auge pratiquée au-deſſous des fagots, beaucoup plus ſalée qu'elle n'étoit auparavant ; elle eſt repriſe de cette auge & portée, par le moyen d'une pompe, au haut du bâtiment, d'où elle retombe ſur de nouveaux fagots ; enſorte qu'après avoir répété pluſieurs fois cette manœuvre, l'eau ſe trouve fort chargée de ſel: on continue de la faire évaporer dans des chaudières de fer.

Dans les différentes cuites du ſel, il ſe forme toujours au fond des chaudières une quantité de dépôts ſalins qui ſe durciſſent, & qu'on ne peut enlever qu'à coups de marteau : on les nomme *écailles.* Les eaux - mères ou *muires*, qui reſtent après la cryſtalliſation du ſel marin, fourniſſent, par l'évaporation rapide & le refroidiſſement, un ſel de

Glauber mal cryſtalliſé, qu'on vend ſous le nom de *ſel d'epſom :* quelquefois auſſi on en prépare du ſel de Glauber pur & bien cryſtalliſé.

On trouve encore le ſel marin dans quantité de plantes ; mais principalement dans celles qui croiſſent au bord de la mer. On retire ce ſel de pluſieurs humeurs animales.

L'art peut former le ſel marin, en combinant directement l'acide marin à l'alkali marin, ou en décompoſant par l'intermède de cet alkali le ſel ammoniac, ou les ſels formés par l'union de l'acide marin à une baſe terreuſe ou métallique.

Analyſe du Sel marin.

Les moyens de faire artificiellement le ſel marin, démontrent de quels principes il eſt formé ; ſa décompoſition le prouve également. Pluſieurs Chymiſtes prétendent pouvoir décompoſer le ſel marin par le ſeul ſecours du feu, ſoit en le calcinant dans un creuſet, foit en le diftillant fans intermède à un feu violent ; mais on convient affez généralement que le fel marin ne fournit par ces moyens qu'une très-petite quantité de fon acide ; encore cet acide paroît-il être produit par la décompofition d'un peu de fel marin à bafe terreufe, dont le fel marin fe trouve toujours embarraffé lorfqu'on ne l'a pas purifié d'une manière convenable. Cette purification fe fait en diffolvant le fel marin dans de l'eau très-pure, & ajoutant quelques gouttes d'alkali marin qui dégagent la terre & la précipitent : on obtient enfuite par la cryftallifation un fel parfaitement pur.

Les agens qu'on peut employer pour opérer la décompofition du fel marin, font : 1.° les argilles, foit qu'elles agiffent en raifon de l'acide vitriolique qu'elles contiennent, foit qu'elles opèrent fimplement comme matières terreufes, ainfi que le prétendent quelques Auteurs : 2.° l'acide vitriolique pur, qui verfé fur du fel marin en dégage

l'acide , & produit un efprit de fel fumant, à la manière de Glauber. L'opération fe fait en mettant du fel marin
dans une cornue tubulée, à laquelle
on adapte un appareil de plufieurs ballons enfilés ; on verfe par la tubulure
de la cornue une partie de bon acide
vitriolique fur deux de fel ; les vapeurs
s'élèvent auffi-tôt & fe condenfent dans
les ballons. La diftillation peut aller
affez long-temps fans le fecours du feu ;
& lorfqu'elle commence à ceffer, on
la facilite à l'aide de quelques charbons allumés qu'on met fous la cornue. Le réfidu de cette diftillation eft
un fel admirable de Glauber qu'on
retrouve dans la cornue après que l'a-
cide marin a été totalement diftillé.

Les fels vitrioliques dont la bafe n'eft
pas l'alkali fixe , peuvent également
décompofer le fel marin.

L'acide nitreux verfé fur le fel marin , le décompofe ; mais l'acide qui
s'en dégage n'eft pas pur, parceque
l'efprit de nitre étant lui-même volatil,

il paſſe en vapeurs avec l'eſprit de ſel, & en fait une eau régale. On en peut dire autant des ſels nitreux à baſe terreuſe ou métallique diſtillés avec le ſel marin. Enfin, les ſels ſédatifs décompoſent le ſel marin.

On donne dans le *Dictionnaire Encyclopédique* le réſultat d'une expérience qui prouve la poſſibilité de convertir le ſel marin en nitre. Elle conſiſte à prendre une certaine quantité de terre qu'on lave avec ſoin; après l'avoir miſe ſous un hangar, on la leſſive de temps en temps avec une diſſolution de ſel marin, & au bout de ſix mois on la trouve remplie de nitre, à ce que rapporte l'Auteur de cet article.

Uſages du Sel marin.

Le ſel marin eſt très-employé dans les aſſaiſonnemens; il facilite la digeſtion des alimens. Mêlé en grande quantité aux matières végétales ou animales, il arrête leur fermentation; mais lorſqu'on l'ajoute à ces mêmes ſubſtances en dofe plus petite, il en accélère la putréfaction.

Il paroît que dans le premier cas, lorfque le fel eft en grande quantité, il s'interpofe entre les pores des corps fermentefcibles, & enveloppe chacune de leurs parties, comme chaque grain de raifin eft enveloppé de fa pellicule, ou comme chacun des petits tas de miel qui compofent une ruche, eft renfermé dans fon alvéole par la cire qui l'environne ; or, on fait que dans cet état, ni le fuc des raifins, ni le miel, ne peuvent fubir de fermentation, quoiqu'ils y foient très-difpofés, parcequ'ils font en maffes trop peu confidérables : on en peut dire autant des parties végétales & animales qui font féparées par le fel, & réduites prefque à l'unité. Lorfqu'au contraire le fel eft mêlé à des matières fermentefcibles en petite quantité, il trouve affez d'humidité pour fe diffoudre, & devenant un moyen d'union entre l'eau & les parties huileufes des corps, il facilite

leur combinaison, & les difpofe à fer-
menter plus promptement.

ESPECE VII.

Sel fulfureux de Stahl. *Sal fulfureum
Stahlii.*

Le fel fulfureux de Stahl eft du nombre des fels neutres parfaits. Il eft formé par l'union de l'acide fulfureux à
l'alkali déliquefcent. Il a une faveur
amère & nauféabonde. Il fe diffout dans
environ feize fois fon poids d'eau froide : l'eau bouillante n'en diffout guère
davantage : ce fel fournit les plus beaux
cryftaux par l'évaporation infenfible,
& ils reffemblent parfaitement à ceux
du tartre vitriolé.

Origine du Sel fulfureux.

Le fel fulfureux n'exifte nulle part
tout formé : il eft toujours un produit
de l'art qui le fait en uniffant directement l'acide fulfureux volatil à l'alkali
déliquefcent.

Analyse du Sel sulfureux.

La formation artificielle du sel sulfureux fait connoître sa nature. Tous les acides versés sur ce sel le décomposent & en dégagent un acide très-pénétrant qu'on reconnoît sans peine à l'odeur pour l'acide sulfureux. Le sel sulfureux exposé à l'air, change de nature au bout de quelque temps, & devient tartre vitriolé. La même chose arrive, si on fait calciner ce sel dans un creuset.

Le sel sulfureux n'est point d'usage.

E S P E C E   VIII.

Sel sulfureux marin. *Sal sulfureum marinum.*

Le sel sulfureux marin est un sel neutre parfait, formé par l'union de l'acide du soufre à l'alkali marin. La saveur de ce sel est fortement amère & très-désagréable. Il se dissout facilement dans l'eau froide ; l'eau bouillante en dissout beaucoup plus ; aussi obtient-on les plus beaux cryftaux de ce fel par le refroidiffement de fa diffolution : ces cryftaux font parfaitement femblables à ceux du fel de Glauber.

Origine du Sel fulfureux marin.

On ne trouve nulle part ce fel formé par la nature. Il eft toujours un produit de l'art qui le fait en combinant l'acide du foufre à l'alkali marin, ou en expofant des linges imbibés d'une leffive de fel de foude à la vapeur du foufre qui brûle.

Analyfe du Sel fulfureux marin.

Les moyens qu'on emploie pour former ce fel font affez connoître fa nature. Tous les acides même les plus foibles font en état de le décompofer, & d'en dégager l'acide fulfureux ; mais il faut que ce fel foit récemment fait, car il perd avec le temps fon caractère fulfureux, & fe convertit en un véritable fel de Glauber.

Le sel sulfureux minéral n'est d'aucun usage.

GENRE II.

Sels neutres parfaits demi-volatils. Sels ammoniacaux. *Salia neutra perfecta semivolatilia, seu salia ammoniacalia.*

Les sels ammoniacaux sont formés par l'union des acides à l'alkali volatil. Ils ont tous une saveur piquante & urineuse; ce qui indique que la combinaison est moins intime dans ces sortes de sels que dans ceux qui ont pour base un alkali fixe. Tous les sels ammoniacaux se dissolvent en plus grande quantité dans l'eau chaude que dans l'eau froide, & crystallisent très-aisément par le refroidissement de leur dissolution. Exposés au feu il se volatilisent en entier avant de se fondre. Ils peuvent être décomposés par les alkalis fixes, la craie, la chaux, les matières métalliques & demi-métalliques & leurs chaux.

E S P E C E I.

Sel ammoniacal vitriolique. *Sal ammoniacale vitriolicum.*

Le sel ammoniacal vitriolique est formé par l'union de l'acide vitriolique à l'alkali volatil. La saveur de ce sel est piquante & urineuse. Il se dissout dans deux parties d'eau froide ; l'eau bouillante en dissout une plus grande quantité : aussi ce sel crystallise-t-il par le refroidissement. Les crystaux qu'on obtient par ce moyen, sont des éguilles plus ou moins grosses ; mais lorsqu'ils sont produits par l'évaporation lente de leur dissolution, ils sont plus gros & ressemblent davantage aux crystaux de sel de Glauber. Le sel ammoniacal vitriolique exposé au feu se volatilise entièrement.

Origine du Sel ammoniacal vitriolique.

On ne connoît point encore ce sel formé par la nature : l'art le produit

en combinant directement l'acide vitriolique à l'alkali volatil, ou en décompofant les autres fels ammoniacaux, par l'intermède de l'acide vitriolique, qui dégage leur acide & s'unit
à l'alkali volatil qui lui fervoit de bafe.

Analyfe du Sel ammoniacal vitrio-lique.

La formation artificielle du fel ammoniacal vitriolique fait connoître
fa nature. Ce fel peut être décompofé
par l'alkali fixe, la craie, la chaux,
les métaux & leurs chaux, qui dégagent l'alkali volatil & s'uniffent à
l'acide. Peut-être pourroit-on enlever
à ce fel fon acide, à l'aide du phlogiftique de l'acide nitreux ou des doubles
affinités, comme on le pratique pour
les fels vitrioliques à bafe d'alkali fixe;
mais ces expériences n'ont point encore
été tentées.

Le fel ammoniacal vitriolique n'eft
d'aucun ufage.

ESPECE II.

Sel ammoniacal nitreux. *Sal ammonia-cale nitrofum.*

Le fel ammoniacal nitreux eft formé par l'union de l'acide nitreux à l'alkali volatil. Ce fel a une faveur piquante & urineufe. Il fe diffout affez bien dans l'eau froide, mais l'eau bouillante en diffout une beaucoup plus grande quantité : auffi obtient-on les plus beaux cryftaux de ce fel par le refroidiffement de fa diffolution. Ces cryftaux font de longues éguilles affez groffes appliquées les unes contre les autres.

Le fel ammoniacal nitreux expofé au feu dans un creufet, détonne de lui-même auffi-tôt que le fond du creufet commence à rougir ; & comme ce degré de feu eft précifement celui qui eft néceffaire pour le volatilifer, on ne peut pas encore favoir pofitivement fi ce fel eft volatil ; on le conjecture feulement, parcequ'il a toutes les propriétés des sels ammoniacaux qui sont tous demi-volatils.

Origine du Sel ammoniacal nitreux.

On trouve le sel ammoniacal nitreux dans les lieux où se forme le salpêtre. L'art produit ce sel, en unissant directement l'acide nitreux à l'alkali volatil, ou en décomposant le sel ammoniac par l'intermède de l'acide nitreux.

Analyse du Sel ammoniacal nitreux.

La formation artificielle du sel ammoniacal nitreux fait connoître assez la nature des principes qui le forment. La décomposition de ce sel peut être produite par la seule action du feu, puisque mis dans un creuset rougi au feu, il détonne sans addition ; parceque l'alkali qui sert de base à ce sel contenant un principe huileux, l'acide que la chaleur tend à volatiliser, entraîne avec lui le phlogistique de cette huile avec lequel il forme un soufre nitreux qui s'embrase. L'alkali fixe, la craie, la chaux, les matières métalliques & leurs chaux, peuvent décomposer le sel ammoniacal nitreux, & enlever sa base alkaline. L'acide vitriolique versé sur ce sel en dégage l'acide, & forme avec sa base un sel ammoniacal vitriolique.

Le sel ammoniacal nitreux n'est point d'usage.

E S P E C E III.

Sel ammoniac. *Sal ammoniacum.* WALL.

Le sel ammoniac est formé par l'acide marin combiné à l'alkali volatil. Il se dissout dans l'eau bouillante beaucoup plus facilement que dans l'eau froide, à laquelle il communique encore un degré de froid très-considérable, & qui va jusqu'à dix-huit ou vingt degrés au-dessous de sa température. Il crystallise très-facilement par le refroidissement de sa dissolution. Les crystaux de sel ammoniac sont de longues éguilles hérissées de petites pointes ; ils resfemblent affez à des barbes de plume, ou à des feuilles de fougère. Lorfque ces cryftaux ont été formés à grande eau, ils ont une forte de flexibilité, propriété qui eft particulière à ce fel. Le fel ammoniac renfermé dans un vaiffeau qu'on fait chauffer affez fortement, fe volatilife en une maffe compofée de plufieurs filets. Ce fel mêlé à du nitre en fufion le fait détonner en partie. Il contracte une union très-intime avec le fublimé-corrofif, & forme avec lui une efpèce de fel nommé *fel alembroth*.

Origine du Sel ammoniac.

Le fel ammoniac fe trouve naturel en Egypte & dans la Sibérie. Wallérius le nomme *fal ammoniacum in laminas fole concretum*, & dit qu'il fe trouve en croûtes & en fleurs, dans du fable ou adhèrent au fol des étables. Les volcans en rejettent dans leur éruption une très-grande quantité, & Wallérius le nomme *fal ammoniacum in glebas igne subterraneo concretum* ; il eſt ſouvent teint de quelques couleurs , & mêlé à du ſoufre. On ſoupçonne que ce ſel eſt formé par l'acide marin que le feu a dégagé de ſa baſe, & qui s'eſt uni à l'alkali volatil des bitumes & des ſubſtances animales & végétales qui ſe trouvent brûlées par ces mêmes volcans. Indépendamment de la quantité de ce ſel que la nature fournit , l'art le produit , ſoit en combinant directement l'acide marin à l'alkali volatil , ſoit en décompoſant par cet alkali les ſels formés par l'union de l'acide marin aux terres ou aux métaux. Enfin, on le retire de pluſieurs matières , telles que les ſuies végétales & animales : c'eſt ſur-tout en Egypte qu'on le fabrique. Meſſieurs Lemaire & Granger ont donné des Mémoires ſur le travail qu'on fait dans ce pays. M. Haſſelquiſt a auſſi rapporté dans les Mémoires de Stokolm en 1751 , les détails de cette opération. Elle ſe fait avec les ſuies des fientes de vaches & de chameaux, dont on emplit les trois quarts d'un grand ballon de verre mince; on place plusieurs de ces ballons sur un fourneau long, qu'on chauffe avec des mottes de fiente desséchée; il s'élève d'abord des vapeurs très-épaisses & très-fétides. Au bout de quarante - cinq ou cinquante heures de feu, le sel ammoniac se sublime à la voûte du ballon : on a soin de fourrer de temps en temps une baguette dans le col pour empêcher qu'il ne se bouche, ce qui, en ôtant l'issue aux vapeurs, feroit casser le vaisseau. Lorsque la sublimation est faite, & que les ballons sont refroidis, on les casse & on en tire le sel en pains plus ou moins gros, & toujours noircis par les fuliginosités qui montent lors de la sublimation. On peut purifier ces pains, soit en les sublimant de nouveau, soit en les dissolvant dans l'eau pour en obtenir des crystaux.

Il paroît que la fiente des chameaux n'est pas d'une nécessité absolue pour la fabrique du sel ammoniac ; car

M. Baumé, qui vient d'établir une manufacture de ce sel, emploie pour le faire la suie de toutes sortes de matières. Quoiqu'on retire le sel ammoniac de la suie, il n'est pas bien décidé qu'il y soit contenu. M. Macquer dit qu'il est possible que l'acide marin soit uni dans la suie à un alkali fixe ; mais qu'en étant dégagé par la violence du feu, il s'unit à l'alkali volatil, que chacun sait être un des produits de la suie distillée, & forme avec lui un sel ammoniac. Cette théorie, quoique hasardée, comme le dit cet illustre Chymiste, peut pourtant être confirmée par ce qui arrive aux plantes maritimes, qui contiennent toutes une prodigieuse quantité de sel marin, & ne fournissent plus que son alkali après leur combustion. Il y a toute apparence que le feu a donné des ailes à l'acide & l'a volatilisé.

Analyse du Sel ammoniac.

La composition artificielle du sel ammoniac suffit pour faire connoître quels font les principes qui le conftituent. Sa décompofition prouve la même chofe, & fe fait en dégageant fon acide par un acide plus fort, ou bien en dégageant l'alkali volatil, & offrant à l'acide un corps avec lequel il ait plus d'affinité.

1.° Si on met du fel ammoniac dans une cornue tubulée, à laquelle on ait ajufté plufieurs ballons enfilés, & qu'on verfe fur deux parties de ce fel une partie d'acide vitriolique, on voit s'élever des vapeurs d'acide marin, qui vont fe condenfer dans les ballons en un véritable efprit de fel. On peut, en aidant la diftillation fur la fin avec quelques charbons allumés, retirer tout l'acide marin , qui étoit contenu dans le fel ammoniac : ce qui refte dans la cornue eft un fel ammoniacal vitriolique, qu'on peut faire fublimer au col de la cornue : en pouffant davantage le feu.

2.° Au lieu d'acide vitriolique pur, on peut employer cet acide engagé dans une bafe terreufe ou métallique : on on mêle alors le sel vitriolique & le sel ammoniac par égales portions dans une cornue qu'on place dans un fourneau de reverbère ; on ajuste deux ballons enfilés, & on distille en augmentant le feu par degrés : on obtient dans les ballons de l'acide marin, comme dans le premier cas, & on retrouve dans la cornue le sel ammoniacal vitriolique, mêlé à la terre ou au métal qui servoit de base à l'acide vitriolique : on peut l'en séparer en dissolvant ce résidu dans l'eau bouillante, filtrant la liqueur & la faisant cryſtalliser. La sublimation ne suffit pas dans ce cas pour purifier le sel ammoniacal vitriolique, parceque ce sel entraîne toujours avec lui une portion des matières qui s'y trouvent mêlées.

3.° L'acide nitreux versé sur du sel ammoniac dans une cornue tubulée, le décompose de même que l'acide vitriolique. Les vapeurs qui s'élèvent dans cette opération ne font pas de l'acide marin pur, mais de l'eau régale.

La matière qui reste dans la cornue est un sel ammoniacal nitreux, qu'il faut bien se garder de trop chauffer, car il détonneroit, & briseroit les vaisseaux au grand danger de l'Artiste.

On pourroit employer au lieu d'acide nitreux pur, un nitre à base calcaire ou métallique, & le distiller avec le sel ammoniac; mais il faudroit user de grandes précautions sur la fin pour empêcher la détonnation. On obtiendroit également de l'eau régale par ce procédé, & le sel ammoniacal nitreux se trouveroit dans le résidu uni à la substance qui servoit de base à l'acide nitreux, dont on pourroit le séparer par la dissolution, la filtration & la crystallisation.

Indépendamment des moyens que la Chymie emploie pour enlever l'acide du sel ammoniac, elle en fournit d'autres pour séparer l'alkali volatil qui lui sert de base. Les corps qui peuvent servir d'intermède à cette décomposition sont l'alkali fixe, la craie, la chaux, plusieurs substances métalliques & leurs chaux : toutes ces matières, quoique propres à dégager l'alkali volatil du sel ammoniac, ne le font cependant pas toutes de la même manière, & il y a des différences très - marquées dans les produits qu'on retire par chacun de ces intermèdes.

1.° Lorsqu'on se sert d'alkali fixe, on en mêle deux parties & même plus, avec une de sel ammoniac : on les met dans une cornue de grès qu'on place dans un fourneau de reverbère ; on adapte à la cornue un ballon qu'on lutte exactement ; il s'élève des vapeurs urineuses qui commençoient à se dégager, même pendant le mélange : en poussant le feu par degrés on en obtient de l'esprit alkali volatil, en proportion de l'humidité contenue dans les sels, & de plus une grande quantité de sel alkali volatil concret : le poids de ce sel est presque égal à celui du sel ammoniac qu'on a employé ; ce qui prouve que l'alkali volatil donne des ailes à l'alkali fixe , & en enlève avec lui une quantité aſſez conſidérable , dont il eſt difficile de le dépouiller , comme l'a prouvé M. Duhamel. Ce qui reſte dans la cornue eſt un ſel formé par l'union de l'acide marin à l'alkali fixe , c'eſt-à-dire , un ſel fébrifuge de Sylvius, ſi on a employé l'alkali fixe déliqueſcent , & un vrai ſel marin , ſi on s'eſt ſervi d'alkali marin.

2.° Trois parties de craie mêlées avec une partie de ſel ammoniac n'en dégagent pas auſſi-tôt l'alkali volatil ; mais ſi on met ce mélange en diſtillation , il paſſe une très-petite quantité d'eſprit volatil , & beaucoup de ſel volatil concret très-peſant , très-difficile à diſſoudre dans l'eau , & qui n'a qu'une odeur foible. Ce ſel a emporté avec lui beaucoup de la matière qui a ſervi à le dégager. On trouve dans la cornue après cette opération , un ſel marin à baſe calcaire , qui peut à ſon tour être décompoſé par l'alkali volatil , conformément à l'ordre reconnu des affinités chymiques.

On se sert plus commodément pour ces distillations de sel ammoniac, d'une cucurbite de terre qu'on couvre d'un chapiteau de verre, au bec duquel on ajuste un récipient, parceque l'esprit volatil passant dans ce récipient, le sel se sublime dans le chapiteau, d'où on le retire avec beaucoup de facilité.

3.° Si on mêle trois parties de chaux éteinte à l'air & une de sel ammoniac, il s'en élève aussi-tôt des vapeurs très-pénétrantes d'alkali volatil. Le mélange mis en distillation dans une cornue de grès au fourneau de reverbère, donne un esprit alkali volatil très - pénétrant. Cet alkali ne fait point effervescence avec les acides ; il ne précipite point les dissolutions des sels à base terreuse, & ne forme point de *coagulum* avec l'esprit de vin.

Lorsqu'on emploie la chaux sortant du four, & un sel ammoniac bien desséché, on ne retire, d'une quantité considérable de mélange , que quelques gouttes d'un alkali volatil très - pénétrant.

Il paroît que la chaux agit dans la décompofition du fel ammoniac, non-feulement comme terre calcaire, mais encore en vertu de fa partie faline, qui, étant de la nature des alkalis fixes, donne lieu au dégagement des vapeurs qui fe font fentir à l'inftant du mélange. Quelques Chymiftes ont cru que l'alkali volatil entraînoit avec lui, dans cette opération, une portion du principe igné de la chaux qui lui donnoit fon odeur pénétrante, & que fon état de liquidité étoit dû à une certaine quantité d'eau que lui fournilloit cette terre. Il paroît que non-feulement la chaux dégage l'alkali volatil de l'acide auquel il étoit uni dans le fel ammoniac, mais qu'elle attaque l'alkali lui-même, & lui enlève une matière graffe qui lui eft effentielle, & à laquelle peut-être il eft redevable de la propriété qu'il a de cryftallifer. L'exiftence de cette matière graffe eft prouvée, non-feulement par la détonnation du fel ammoniacal nitreux qui s'opère fans addition, mais encore par les expériences de M. Duhamel. Ce Savant ayant diſtillé pluſieurs fois de l'alkali volatil ſur de la chaux, s'apperçut qu'une portion de ſon ſel ſe décompoſoit à chaque diſtillation ; & ce ne fut qu'après avoir impregné ſa chaux d'autant de matiere graſſe qu'elle pouvoit en prendre, qu'il parvint à retirer, par ſon intermède, un alkali volatil concret.

La chaux ſur laquelle M. Duhamel avoit diſtillé pluſieurs fois de l'alkali volatil, étant miſe ſur une pelle & expoſée au feu, exhaloit une forte odeur de graiſſe brûlée.

En réduiſant à l'état de craie, par des lavages répétés, une quantité donnée de chaux, & diſtillant le ſel ammoniac avec cette craie, le même Chymiſte parvint à en tirer un ſel volatil ſous forme concrète.

Enfin, ſi on diſtille quatre parties de ſel ammoniac avec une de chaux ſeulement, on obtient de l'alkali volatil ſous forme fluide, & un peu d'alkali volatil concret. Cet alkali fait effervefcence avec les acides ; il décompofe les fels neutres à bafe terreufe , & fe coagule avec l'efprit-de-vin , de même que les alkalis volatils bien purs.

Le réfidu du fel ammoniac décompofé par la chaux, eft un fel marin calcaire, qu'on nomme *fel ammoniac fixe,* tant qu'il eft parfaitement fec ; mais auffi-tôt qu'il eft expofé à l'air , il en attire l'humidité , & prend alors le nom d'*huile de chaux.* Le fel ammoniac fixe calciné devient lumineux, & forme une efpèce de phofphore pierreux , connu fous le nom de *phofphore de Homberg.*

M. Duhamel prétend prouver encore que la chaux a abforbé une partie graffe de l'alkali volatil , parcequ'en jettant de l'acide vitriolique fur le fel ammoniac fixe, il s'en élève avec l'acide marin une odeur très-pénétrante d'acide fulfureux.

M. Macbride prétend que la propriété particulière de l'alkali volatil, tiré par la chaux , dépend de ce que la chaux

a enlevé à cet alkali son air fixe, &
qu'en lui restituant, on le met dans
l'état des alkalis volatils tirés par les
autres intermèdes. Le moyen qu'il donne pour cela, est de saturer un acide
avec un alkali, dans un flacon qui soit
fermé par un tube de verre dont un
bout plonge dans un autre flacon, dans
lequel on a mis de l'alkali volatil tiré
du sel ammoniac par la chaux. L'air,
qui se dégage pendant l'effervescence,
va se combiner avec cet alkali volatil,
& lui rend la propriété de faire effervescence avec les acides, & de se coa-
guler avec l'esprit - de - vin.

Quelque vraies que soient les expériences de M. Macbride, il faudroit
pour conclure d'après lui, être certain qu'il ne s'élève que de l'air dans
l'union d'un acide avec un alkali, &
qu'aucune portion de matière grasse
ne se détache dans le temps de la combinaison : or, rien ne paroît moins
prouvé. Il est constant d'ailleurs que
l'air qui se dégage dans l'effervescence

d'un acide avec un alkali, n'eſt plus dans l'état de l'air fixe qui étoit contenu dans chacun de ces deux corps; mais qu'il eſt devenu air élaſtique parfaitement ſemblable à celui de l'athmoſphère, qu'on peut faire entrer à volonté dans l'alkali volatil tiré du ſel ammoniac par la chaux, ſans lui donner les propriétés des autres alkalis volatils.

4.° Un mélange de deux parties de limaille de fer contre une de ſel ammoniac, mis en diſtillation dans une cornue chauffée par degrés, donne une petite quantité d'alkali volatil fluide qui fait efferveſcence avec les acides. Il ſe dégage pendant l'opération une quantité conſidérable d'air qui fait ſouvent briſer les vaiſſeaux, lorſqu'on n'a pas ſoin de lui donner une iſſue. Cette décompoſition ne peut être pouſſée bien loin, parceque la chaleur néceſſaire pour l'achever, ſuffit pour volatiliſer le ſel ammoniac qui entraîne avec lui une portion du métal. Le fer n'eſt pas la ſeule matière métallique qui puiſſe décompoſer le ſel ammoniac; toutes ont cette propriété.

Les chaux des métaux décompoſent le ſel ammoniac beaucoup plus efficacement que les matières métalliques elles - mêmes; & les produits de ces décompoſitions ſont ſemblables à ceux qu'on retire du ſel ammoniac décompoſé par la chaux pierreuſe.

Les réſidus ſont différens ſuivant la nature des métaux qu'on a employés.

Toutes les décompoſitions du ſel ammoniac opérées par la craie & les matières métalliques ſont contraires à l'ordre des affinités, & paroiſſent tenir à une autre cauſe. Le ſel ammoniac ne doit ſa volatilité qu'à l'alkali qui lui ſert de baſe, puiſque ſi cet alkali étoit fixe le ſel ne pourroit ſe volatiliſer; or, dans la ſublimation du ſel ammoniac, on doit conſidérer l'alkali volatil comme emportant avec lui l'acide marin, qui le ſuit tant qu'il ne rencontre aucun corps auquel il puiſſe adhérer; mais aussi-tôt qu'il trouve une base à laquelle il peut s'unir, il s'y engage, quoiqu'il ait avec elle une affinité moindre qu'avec l'alkali volatil.

Usages du Sel ammoniac.

Le sel ammoniac est employé en Médecine comme un très-bon fondant & un excellent fébrifuge : il divise les humeurs épaisses qui embarrassent les vaisseaux capillaires, & qui occasionnent les fièvres lentes. On le prescrit dans les opiates à la dose de quelques grains ou d'un scrupule, mêlé aux extraits des plantes amères, comme ceux d'absinthe, d'aunée, de petite centaurée. Quelques Praticiens l'ordonnent avec le sel fixe de genêt ou d'autres plantes ; mais ces sels, étant pour la plupart des alkalis fixes, dégagent l'alkali volatil du sel ammoniac, & forment avec son acide un sel fébrifuge de Sylvius : c'est ce qui a engagé plusieurs bons Médecins à faire prendre le sel ammoniac & les sels fixes des plantes, chacun séparément dans une quantité donnée d'extrait.

L'alkali volatil dégagé par la chaux est d'usage dans la syncope pour exciter le cours des esprits animaux. Avec cet alkali, & quelques gouttes d'une dissolution d'huile de succin dans l'esprit-de-vin, on fait une liqueur à laquelle on a donné le nom *d'eau de luce.* C'est une espèce de savon formé par l'alkali volatil uni à l'huile de succin. Lorsqu'elle est bien préparée elle doit être laiteuse. Les Chymistes ont essayé, pour lui conserver cette couleur, d'ajouter quelque corps qui pût faciliter la suspension de l'huile de succin dans l'alkali volatil. Quelques grains de savon blanc dissous dans l'esprit-de-vin, produisent cet effet. M. Rouelle le jeune prétend que cette addition est inutile, & que l'eau de luce reste laiteuse, lorsqu'on a employé pour la faire un alkali volatil tiré par la chaux qui ne fasse absolument aucune effervescence avec les acides. On se sert de cette préparation comme de l'alkali volatil lui-même.

Le fel ammoniac entre dans la foudure des métaux.

Les Chaudronniers fe fervent de ce fel pour étamer le cuivre ; il a la propriété d'en ronger la furface & de la décaper, & le peu de matière graffe qu'il contient, fuffit pour empêcher que la furface de ce métal ne fe calcine, & fait adhérer plus fortement l'étamage.

GENRE III.

Sels neutres imparfaits à bafe terreufe. *Salia neutra imperfecta terrea.*

Tous les fels de ce genre font formés par l'union d'un acide à une terre. Ils n'ont pas tous à beaucoup près la même faveur, ni le même degré de diffolubilité dans l'eau. Ils peuvent être décompofés par les alkalis foit fixes, foit volatils.

ESPECE I.

Vitriol de fable. *Vitriolum arenofum.*

Ce fel fuivant **M.** Baumé, ne diffère point de l'alun.

On le fait par art en diffolvant dans l'acide vitriolique la terre précipitée de la liqueur des cailloux.

ESPECE II.

Nitre de fable. *Nitrum arenofum.*

Le nitre de fable eft encore, fuivant **M.** Baumé, femblable au nitre d'argille. Il eft très-déliquefcent.

On ne trouve ce fel en aucun endroit formé par la nature. L'art le produit en diffolvant dans l'acide nitreux la terre précipitée de la liqueur des cailloux.

ESPECE III.

Sel marin de fable. *Sal arenofum.*

Le fel de fable reffemble au fel d'ar-

gille. Il eſt également très - déliqueſcent.

On ne le trouve point formé par la
nature : mais l'art le fait en diſſolvant
dans l'acide marin la terre précipitée
de la liqueur des cailloux.

E S P E C E IV.

Vitriol de craie, Sélénite. *Vitriolum
cretaceum. Selenites.*

Le vitriol de craie eſt de tous les ſels
terreux, celui qui a le moins de ſaveur
& de diſſolubilité. Tous les échantillons de ce ſel chauffés juſqu'à un certain point deviennent phoſphoriques. Si
on les expoſe au feu, ils ſe calcinent
ſans prendre le caractère de chaux
vive. Dans cet état ils forment le plâtre, qui étant mêlé avec l'eau prend
corps, & peut ſe durcir conſidérablement. La ſélénite pouſſée à un feu très-
violent, peut fondre ſans addition ,
comme l'a démontré M. d'Arcet.

Origine du Vitriol de craie.

Le vitriol de craie eſt de tous les ſels, celui qui paroît ſous le plus grand nombre de formes différentes. On le trouve cryſtalliſé régulièrement en cubes, en rhombes, en triangles, en lames, en filets, quelquefois auſſi il eſt en maſſes non cryſtalliſées. Il eſt des échantillons de ce ſel qui ont une très-grande peſanteur ; d'autres ſont fort légers. Les variétés les plus connues de cette eſpèce, dont pour ainſi dire deux individus ne ſe reſſemblent pas, ſont

1.° La ſélénite, *gypſum lamellis rhomboïdalibus, pellucidum,* WALL. *Natrum lapidoſum, gypſeo-ſpatoſum, fuſiforme, pellucidum.* LINN. On donne ce nom au vitriol de craie cryſtalliſé en lames rhomboïdales tranſparentes, & formant des maſſes légères.

2.° Le gyps, *Gypſum lamellis inordinatis, pellucidum,* WALL. lorſqu'il eſt formé de lames demi-tranſparentes, le plus communément coniques. Tel eſt celui qu'on trouve à Montmartre,

3.° Le gyps foyeux ou gyps ftrié, *Gyp-fum filamentis parallelis compofitum,* WALL. *Stirium pellucidum, fixum, fi-brofum,* LINN. lorfqu'il eft compofé d'un affemblage de filets blancs, fem-blables à ceux de l'amiante. On le trouve dans tous les Cabinets d'Hif-toire Naturelle, fous le nom de *gyps foyeux de la Chine.*

4.° Le fpath vitreux, *Spatum folidum; plus minus-ve pellucidum, particulis non diftinguibilibus,* WALL. *Muria lapidofa, fubquartzofa, aggregata, fparfa, fixa,* LINN. lorfqu'il eft en maffe tranfpa-rente & fans figure déterminée.

5.° Le fpath fufible, *Spatum rhomboïda-le, opacum,* WALL. *Natrum lapidofum; gypfeo-fpatofum, decaedrum, rhombeum,* LINN. lorfqu'il eft cryftallifé en cubes & qu'il eft fort pefant. Il s'en trouve cependant de très-pefant, & qui eft formé de filets; tel eft celui qu'on con-noît fous le nom de pierre phofphori-que de Bologne, *Gypfum irregulare, la-mellofum, calcinatum, in tenebris lucens,*

WALL. *Muria lapidosa, spatosa, aggre-gata, lenticularis, centricoso - fissilis, sub-effervescens.* LINN.

6.° L'Albâtre gypseux, ou Albaftrite, *Gypsum particulis minimis, punctatis, ni-tens, polituram admittens,* WALL. *Sti-rium diaphanum, solubile, fibrosum,* LINN. lorfqu'il eft en maffes compofées de petites particules fines & brillantes, & qu'il eft affez dur pour prendre le poli.

7.° La pierre à plâtre, *Gypsum particulis parallelepipedeis & globosis concretum,* WALL. lorfque ce fel forme des maffes compofées de petites écailles & de parcelles de craie.

Les pierres à plâtre font effervefcence avec les acides, en raifon de cet excès de craie qu'elles contiennent. On peut les regarder comme les échantillons les moins purs du vitriol de craie. On rencontre fouvent ces fels teints de quelques-unes des couleurs des pierres précieufes. Dans cet état, on leur donne le nom des pierres auxquelles elles reſſemblent, en y ajoutant l'épithète de *fauſſes* : mais cette dénomination eſt mauvaiſe, parcequ'elle confond ces ſubſtances avec les quartz & cryſtaux colorés, qui ſont d'une nature toute différente.

Il n'eſt pas rare de trouver des échantillons de vitriol de craie qui ont une odeur très-fétide : ils ſont déſignés, dans la nouvelle *Minéralogie* attribuée à M. Cronſtedt, ſous le nom de *pierres hépatiques* : ce Naturaliſte réſervant celui de *pierres porc* aux échantillons de pierres calcaires qui ont également une mauvaiſe odeur.

L'art forme la ſélénite, en combinant directement l'acide vitriolique à la craie, ou en décompoſant par l'intermède d'une terre calcaire le ſel ammoniacal vitriolique ou les vitriols métalliques. On tire de la ſélénite des eaux de la mer dans la fabrique du ſel marin. Les eaux des puits de Paris en contiennent en quantité.

Analyſe du Vitriol de craie.

Le vitriol de craie a , comme toute ſubſtance ſaline , de la ſaveur , de la diſſolubilité dans l'eau , & la propriété de cryſtalliſer. Comme ſel vitriolique il peut être décompoſé par le phlogiſtique des charbons avec lequel il forme un foie de ſoufre à baſe calcaire ; & comme ſel vitriolique terreux, il peut encore être décompoſé par les alkalis fixes & volatils qui en dégagent la terre calcaire, & forment avec ſon acide un tartre vitriolé, un ſel de Glauber, ou un ſel ammoniacal vitriolique, ſuivant la nature de l'alkali qui a opéré la décompoſition. Enfin, la facilité avec laquelle l'art peut produire un vitriol ſemblable par la combinaiſon de la craie à l'acide vitriolique, achève de démontrer la nature du vitriol de craie.

Uſages du Vitriol de craie.

On calcine tous les échantillons de ce ſel, pour en former le plâtre. On emploie fur-tout à cet ufage l'efpèce qu'on connoît fous le nom de *pierre à plâtre*, & qui contient un excès de craie.

Dans la calcination, la partie vraiment faline de la pierre à plâtre perd fon eau de cryftallifation, tandis que la portion crétacée fe réduit à l'état de chaux vive. Lorfqu'on mêle le plâtre à l'eau en certaine proportion, le mélange s'échauffe, bouillonne, répand une odeur de foie de foufre, & finit par former une pâte dure. Les phénomènes de la chaleur & du bouillonnement dépendent de la portion de chaux vive qui fe mêle à l'eau avec rapidité. L'odeur eft produite par un vrai foie de foufre calcaire qui s'eft formé pendant la calcination, aux dépens de l'acide vitriolique de la félénite, du phlogiftique des matières employées pour la calciner, & d'une portion de chaux vive. La partie faline qui n'a point été décompofée, & qui a feulement perdu fon eau de cryftallifation, la reprend, & cryftallifant fubitement au milieu de la chaux, elle forme avec elle un mortier à peu près semblable à celui qu'on fait en mêlant le sable à cette même chaux.

On peut séparer la partie saline d'avec la partie calcaire, en dissolvant le plâtre dans une suffisante quantité d'eau.

On sait depuis long-temps que la pierre de Bologne acquiert par la calcination une qualité phosphorique. Ce corps, que M. Margraff a rangé avec raison parmi les spaths pesans ou fusibles, ne jouit pas seul de cette propriété : elle lui est commune avec tous les sels séléniteux. Tous étant réduits en poudre & mêlés à une certaine quantité de mucilage, pour en former des gâteaux minces qu'on fait calciner à travers les charbons, forment un véritable phosphore.

Il paroît que la calcination de ces sélénites formant d'une part un vrai soufre, par la combinaison de l'acide vitriolique au phlogistique des charbons, &

de l'autre, mettant la craie dans l'état de chaux, il en résulte un foie de soufre à base calcaire, qui, s'embrasant dans l'instant même de sa formation, continue de brûler très - lentement, & assez pour être lumineux dans l'obscurité, quoiqu'il ne puisse brûler aucun des corps qu'il touche. Cette lumière, qui va toujours en s'affoiblissant, peut cependant durer plusieurs jours ; & lorsqu'elle paroît cesser entièrement, on peut la reproduire, en exposant le phosphore à une nouvelle lumière, ou en le mettant sur un poële qui ne produise point assez de chaleur pour être lumineux. Si on considère que cet éclat du phosphore acquiert une nouvelle vigueur toutes les fois que la chaleur le pénètre, on sera convaincu que sa lumière dépend de la combustion réelle & continuée d'un soufre dont la chaleur favorise l'inflammation, qui ne devient très-lente que par la surabondance de matière non combustible dont ce soufre est environné.

On

On fait contre cette théorie deux objections. La première, c'est que fuivant les expériences que M. Dufay a rapportées à l'Académie des Sciences, en 1730, les félénites ne font pas les feules fubftances minérales propres à former un phofphore ; la plupart des pierres calcaires étant capables de prendre par la calcination un éclat femblable.

Mais d'abord il eft à obferver que M. Dufay n'avoit pas fait l'examen chymique des pierres qu'il a employées ; & quoique calcaires pour la plus grande partie, elles pouvoient contenir une portion d'acide vitriolique. De plus, il eft probable que ces pierres calcaires ne font que pénétrées d'un feu étranger, dont la diffipation & la fcintillation peuvent produire quelque temps de la lumière dans l'obfcurité. D'ailleurs M. Dufay avoue que les pierres calcaires ont befoin d'une plus longue calcination, dont l'effet eft fans doute de les abreuver d'une plus grande quantité de la matière de la lumière. On pourroit apporter en preuve une expérience familière aux Phyſiciens; c'eſt qu'un corps blanc, du papier par exemple, expoſé quelque temps à la lumière du ſoleil, & porté auſſi-tôt dans une obſcurité parfaite, y paroît lumineux; mais ces qualités phoſphoriques ne ſont que momentanées, & ſe diſſipent bientôt.

L'autre objection, c'eſt que le phoſphore préparé avec les ſels ſéléniteux peut produire ſa lumière ſans le concours de l'air, étant renfermé dans un flacon bouché hermétiquement, ou même plongé dans l'eau ou dans quelqu'autre liquide.

Pour répondre à cette objection, il faut faire attention que la quantité de ſoufre qui brûle à la fois dans ce phoſphore, étant exceſſivement petite, la combuſtion peut avoir lieu ſans le concours de l'air, ou n'en exiger du moins qu'une quantité infiniment petite. A l'égard de la propriété de luire dans l'eau, elle eſt commune à tous les phoſ-

phores qui continuent d'y brûler &
de s'y confumer d'une manière très-
lente, & qui va toujours en s'affoiblif-
fant, jufqu'à ce qu'enfin ils s'éteignent
entièrement. Il eſt vrai qu'on ne reconnoît pas au foufre la propriété de
brûler dans l'eau ; mais peut-être que
réduit à l'état d'un foie de foufre à bafe
calcaire, & brûlant très-lentement,
il préfenteroit ce même phénomène.

E S P E C E V.

Nitre de craie. *Nitrum cretaceum.*

Le nitre de craie eſt un fel formé
par l'union de l'acide nitreux à la terre
calcaire. Sa faveur eſt amère. Il fe diffout très-facilement dans l'eau. Expofé
à l'air il en attire puiſſamment l'humidité ; enforte qu'il eſt difficile d'obtenir
ce fel cryſtallifé. Cependant, en laiffant refroidir fa diſſolution fuffifam-
ment rapprochée, on en obtient des
cryſtaux en forme d'éguilles.

Origine du Nitre de craie.

On rencontre affez communément l'acide nitreux uni à la craie, dans la leffive qu'on fait des platras pour en tirer le falpêtre. Il refte dans les eaux-mères du nitre qu'on prépare à l'Arfenal. L'art le produit, en combinant l'acide nitreux à la craie, ou en décompofant, par l'intermède d'une terre calcaire, le fel ammoniacal nitreux, & les fels nitreux à bafe métallique.

Analyfe du Nitre de craie.

L'acide vitriolique pur, verfé fur du nitre de craie, en dégage l'acide & s'unit à fa bafe, avec laquelle il forme une félénite.

Les vitriols à bafe métallique mis en diftillation avec le nitre calcaire, en dégagent l'acide nitreux. On trouve dans la cornue, après l'opération, la félénite mêlée à la bafe des fels vitrioliques qu'on a employés.

Les alkalis fixes ou volatils verfés

dans une diffolution de nitre de craie,
précipitent la terre qui fervoit de bafe
à l'acide nitreux, & s'uniffant à cet
acide, ils forment un vrai falpêtre, un
nitre cubique, ou un fel ammoniacal
nitreux, fuivant la nature de l'alkali qui
a opéré la précipitation.

La terre précipitée forme une forte
de magnéfie.

Le nitre calcaire calciné forme encore une autre efpèce de magnéfie,
qui paroît lumineufe dans l'obfcurité,
lorfqu'elle eft récemment préparée :
c'eft le phofphore de *Balduinus.*

Le nitre de craie n'eft point d'ufage,
à moins qu'il ne foit calciné, & dans
l'état de magnéfie. La terre qu'on en
précipite par les alkalis eft une forte
de magnéfie plus pure.

ESPECE VI.

Sel marin de craie. *Sal cretaceum.*

Le fel de craie eft formé par l'union
de l'acide marin à la terre calcaire ;
ce fel a une faveur très-amère. Il eft

très - diſſoluble dans l'eau, & ſa diſſolution ſuffiſamment rapprochée, fournit, par le refroidiſſement, des cryſtaux en éguilles qui attirent l'humidité de l'air.

Origine du Sel marin de craie.

On trouve le ſel de craie en diſſolution dans les eaux de la mer & des fontaines ſalées. L'art le produit en ſaturant l'acide marin avec la craie, ou en décompoſant, par l'intermède d'une terre calcaire, le ſel ammoniac, ou les ſels marins à baſe métallique.

Analyſe du Sel marin de craie.

L'acide vitriolique pur, ou engagé dans quelque baſe métallique, décompoſe le ſel de craie, en dégage l'acide & forme avec ſa baſe une ſélénite.

L'acide nitreux décompoſe auſſi ce ſel; mais les vapeurs qui s'en dégagent ne ſont pas un acide marin pur, mais de l'eau régale.

Les alkalis fixes & volatils ſéparent

la terre calcaire de l'acide marin auquel elle eſt unie, & forment avec cet acide un ſel fébrifuge, un ſel marin, ou un ſel ammoniac, ſuivant la nature de l'alkali qu'on a employé pour décompoſer le ſel de craie.

La terre qui a été précipitée par ce moyen, forme une ſorte de magnéſie. Le ſel de craie calciné forme une autre magnéſie, qui paroît lumineuſe lorſqu'elle eſt récemment préparée : c'eſt le phoſphore d'*Homberg.*

On peut employer la magnéſie du ſel comme la magnéſie du nitre.

E S P E C E VII.

Vitriol d'argille, alun. *Alumen.*

L'alun eſt formé par l'union de l'acide vitriolique à la terre argilleuſe. La ſaveur de ce ſel eſt ſtiptique. Il ſe diſſout aſſez facilement dans l'eau froide ; mais l'eau chaude en tient une beaucoup plus grande quantité en diſſolution : auſſi ce ſel cryſtalliſe-t-il facilement par le ſimple refroidiſſement.

Les cryftaux qu'on en obtient varient fingulièrement pour leur forme ; ils font quelquefois formés de deux pyramides tétraëdres jointes bafe à bafe ; fouvent ils forment des hexaëdres dont la furface eft une efpèce de triangle, & dont les trois angles font coupés.

L'alun expofé à l'air s'effleurit & tombe en pouffière. Mis au feu il fe liquéfie à la faveur de l'eau de fa cryftallifation ; mais à mefure que cette humidité s'évapore, le fel fe sèche & fe bourfouffle : on le nomme en cet état *alun calciné.*

Origine de l'Alun.

On trouve l'alun naturel en maffes & fous la forme de ftalactites, *Alumen nativum,* WALL. *Alumen nudum,* LINN. Certaines ardoifes & plufieurs pyrites en contiennent, *Alumen lapide fiffili mineralifatum,* WALL. *Alumen fchifti.* LINN.

On retire de l'alun d'une efpèce de terre grife, *terra aluminaris,* WALL.

qui

qui fe trouve aux environs de Naples, dans un lieu ap pellé la *Solfatare*. On met cette terre avec de l'eau dans fix chaudières de plomb, placées fur deux lignes : la chaleur du fol dans lequel les chaudières font enfoncées, suffit pour hâter la diffolution du fel. A mefure qu'il commence à cryftallifer, on puife la diffolution claire, on la porte dans une autre chaudière plus grande, placée entre les fix petites : cette chaudière eft également chauffée par la chaleur du terrein, & l'alun s'y cryftallife lentement & en grandes maffes. On l'envoie dans le commerce fous le nom d'*alun de roche*.

On trouve à *Civita-Vecchia* près de Rome, dans un endroit appellé *l'Aluminière della tolfa*, une pierre grife un peu rougeâtre, femblable à une argille defféchée. *Alumen lapide calcareo mineralifatum.* WALL. *Alumen marmoris.* LINN. On fait calciner cette pierre, puis on la met en tas fur un terrein environné de foffés : on jette de l'eau deſſus, & au bout de quelque temps elle s'effleurit. On continue de l'arroſer avec la même eau dont on s'eſt déjà ſervi, & qui s'eſt ramaſſée dans les foſ-ſés qui bordent le terrein : chaque leſ-ſive diſſout une nouvelle quantité de matière ſaline, & lorſque l'eau en eſt bien chargée, on la fait évaporer & on la met à cryſta lliſer dans des gran-des caiſſes de bois. Cet alun eſt en pe-tites maſſes irrégulières, couvertes d'une effloreſcence rougeâtre. On le connoît ſous le nom d'*alun de Rome.*

L'art produit encore l'alun, en ver-ſant de l'acide vitriolique dans une diſſolution de terre glaiſe dans l'eau, & faiſant évaporer la liqueur.

Analyſe de l'Alun.

L'alun comme tous les ſels vitrioli-ques peut être décompoſé par le phlo-giſtique : il réſulte de cette décompo-ſition une eſpèce de ſoufre nommé *py-rophore d'Homberg.* Pour le faire, on prend trois parties d'alun & une partie de ſucre ; on les fait calciner, & après les avoir réduits en poudre, on en emplit la moitié d'une phiole de verre; on la place dans un creuset plein de sable qu'on fait rougir : il s'exhale de la phiole des vapeurs sulfureuses; & enfin lorsqu'on voit paroître une flamme bleue qui en remplit tout le col, on la retire du feu & on la bouche exactement. Ce pyrophore fut d'abord découvert par M. Homberg : ce Chymiste travaillant sur la matière fécale humaine pour en tirer une huile blanche & inodore qui devoit fixer le mercure en argent, s'apperçut que le feu prennoit au résidu d'une distillation de matière fécale & d'alun. On a été long-temps depuis dans l'opinion que la seule matière fécale étoit en état de produire ce phénomène singulier; mais M. Lejay de Suvigny a donné la vraie théorie de cette opération; & tous les Chymistes savent à présent que ce n'est qu'un soufre formé par l'union de l'acide vitriolique de l'alun avec la matière inflammable, & qu'il est posfible de faire le pyrophore avec toute matière végétale ou animale abondante en phlogiftque, & même avec tout autre fel vitriolique que l'alun.

Dans cette opération le foufre qui fe forme ne trouvant pas de diffolvant propre à le mettre dans l'état de foie de foufre, refte tel qu'il eft, & conféquemment plus difpofé à s'enflammer. Le phénomène de l'inflammation qui fe produit lorfque cette matière eft expofée à l'air, dépend de ce qu'une portion d'acide vitriolique n'ayant pas eu le temps de fe combiner avec le phlogiftique, refte dans l'état d'une huile de vitriol concentrée, & attire l'humidité de l'air avec une telle force, qu'il en réfulte beaucoup de chaleur & l'embrafement du foufre.

Lorfqu'on veut hâter l'embrafement du pyrophore, il fuffit de l'expofer à un air humide ou fur un papier mouillé.

Si on laiffe le pyrophore dans une bouteille mal fermée, comme il reprend peu-à-peu de l'humidité, il ne s'excite point de chaleur ; & quand il s'en eft ainfi faturé lentement, il a perdu la propriété de s'enflammer ; mais on peut la lui rendre en le calcinant de nouveau.

Il faut prendre garde dans l'opération du pyrophore, de pouffer trop loin la calcination, parceque la portion d'acide furabondant qui eft la caufe de l'inflammabilité, venant à fe diffiper, on ne peut plus avoir de pyrophore.

L'alun peut être décompofé par les alkalis fixes ou volatils qui s'uniffent à fon acide, & en dégagent une terre blanche parfaitement femblable à celle qu'on retire par le même moyen d'une diffolution d'argille. Cette terre d'alun retient avidement les dernières portions d'humidité : elle eft ductile, fe durcit en féchant, & eft fufceptible de prendre, par le frottement, un beau poli comme les argilles. Elle prend beaucoup de retraite lorfqu'on la chauffe ; elle fe fendille même lorfqu'on lui applique le feu trop brufquement. La terre de l'alun fe charge avidement du phlogiftique, & prend de la couleur. Elle fe diſſout dans les acides avec efferveſcence, & beaucoup plus facilement lorſqu'elle eſt récemment précipitée, que lorſqu'elle a été deſſéchée.

L'alun peut lui-même diſſoudre ſa terre, & s'en ſaturer au point de devenir une véritable argille ; de même que l'argille peut paſſer à l'état d'alun, lorſqu'on lui ajoute un peu d'acide vitriolique. Pour faire cette argille artificielle, on prend une quantité donnée d'alun, on le fait diſſoudre dans l'eau bouillante, & on jette dans la diſſolution quatre fois autant de terre précipitée de l'alun bien lavée & encore humide, on apperçoit un mouvement d'efferveſcence ; on étend le tout d'eau, & on laiſſe quelque temps l'alun bouillir ſur ſa terre ; il perd peu-à-peu ſa ſaveur, & lorſqu'elle eſt entièrement détruite ; on filtre la diſſolution, & on obtient par l'évaporation des feuillets de véritable argille, comme l'a démontré M. Baumé.

M. Baron penſoit que la terre de l'alun étoit de la nature des terres métalliques. M. Macquer croit que ce ſentiment n'eft pas dénué de vraisemblance. Ce favant Chymifte regarde les argilles comme très-propres à former des terres métalliques par la facilité qu'elles ont à s'unir en phlogiftique.

Ufages de l'Alun.

L'alun eft employé en Médecine. Il entre dans les décoctions & les collyres aftringens ; on le prefcrit auffi à l'intérieur, depuis quelques grains jufqu'à un fcrupule & même davantage pour arrêter des écoulemens immodérés de quelque nature qu'ils foient ; mais ce remède ne doit être employé que par un Médecin habile, car il ne convient que dans les cas de relachement, & s'il y avoit inflammation ou érétifme, il augmenteroit confidérablement par fon aftriction les fymptômes de la maladie.

L'alun calciné abforbe l'humidité des plaies, détruit les chairs baveufes des vieux ulcères, & les conduit à cicatrice.

Les Teinturiers font un grand ufage de l'alun, & fur-tout de celui de Rome.

E S P E C E. VIII.

Nitre d'argille. *Nitrum argillaceum.*

Ce fel eft formé par l'union de l'a-
cide nitreux à la terre argilleufe. Il
eft très-déliquefcent, & peut fe décompofer comme tous les autres fels à
bafe terreufe. On ne trouve point ce
fel formé par la nature, il eft toujours
un produit de l'art, qui le fait en diffolvant dans l'acide nitreux la terre
précipitée par un alkali de la diffolution des argilles dans l'eau.

E S P E C E I X.

Sel marin argilleux. *Sal argillaceum.*

Ce fel eft formé par l'union de l'a-
cide marin à la terre de l'argille. Il eft
très-déliquefcent, & peut fe décompofer
comme tous les autres fels à bafe terreufe. On ne le trouve point formé
par la nature. L'art le produit en diffolvant dans l'acide marin la terre précipitée par un alkali fixe de la diffolution d'argille dans l'eau.

Fin du premier Volume.

EXPLICATION
DES PLANCHES.

PLANCHE PREMIERE.

FIGURE I. Fourneau de décoction.

A. Le fourneau vu par-dessus, avec quatre échancrures servant de cheminée.
B. Porte du foyer.
C. Porte du cendrier.

FIGURE II. Fourneau de réverbère.

A. Porte du cendrier.
B. Porte du foyer.
C. Cercle dans lequel se met la cornue.
D. Dôme qui recouvre la cornue ; on a ouvert ces deux portions D & C, pour laisser voir la cornue E.
E. Cornue.
F. Echancrure circulaire formée en partie par le cercle & en partie par le dôme, & servant à passer le col de la cornue.
G. Cheminée du fourneau.
H. Grand ballon de verre servant de récipient pour les distillations qui se font à la cornue.

FIGURE III. Fourneau de coupelle.

A. Porte du cendrier servant aussi de foyer.
B. Porte qui répond à celle du foyer dans

les autres fourneaux, & qui forme ici l'ouverture de la moufle.

C. Dôme du fourneau.
D. Cheminée.

Figure IV. Moufle vue par - devant & dans laquelle on apperçoit la coupelle.

Figure V. Moufle vue par derrière.

Figure VI. Alambic de verre d'une seule pièce.

Figure VII.

A. Cornue de verre.
B. B. Allonges de verre.

Figure VIII. Récipient servant à la distillation des huiles essentielles.

A. Corps du récipient.
B. Le syphon.

PLANCHE II.

Figure I. Appareil d'une distillation à l'alambic de cuivre.

A. Fourneau servant à porter l'alambic.
B. Porte du foyer.
C. Porte du cendrier.
D. La cheminée du fourneau.
E. La cucurbite de cuivre.
F. Le réfrigérant qui renferme le chapiteau.
G. Bec du chapiteau.
H. Robinet servant à vuider le réfrigérant.
I. Seau de cuivre renfermant un serpentin d'étain.
K. Extrémité du serpentin par laquelle sort le produit de la distillation.
L. Robinet pour vuider l'eau contenue dans le seau du serpentin.
M. Ballon de verre pour recevoir le produit des distillations.

Fig. II. Cucurbite de cuivre.

Fig. III. Cucurbite d'étain servant pour les distillations qui se font au Bain-Marie.

Fig. IV. Coupe du chapiteau & du réfrigérant.

A. Le chapiteau.
B. Le bec du chapiteau.

C. Le réfrigérant.

D. Robinet pour vuider l'eau du réfrigérant.

F ɪ ɢ. V. Développement du ſerpentin.

F ɪ ɢ. VI. Appareil pour la ſublimation des
fleurs de ſoufre.

A. Fourneau.

B. Cucurbite de terre dans laquelle on
met le ſoufre.

C. Aludels.

D. Chapiteau qui recouvre les aludels.

TABLE
DES MATIÈRES
Contenues dans ce Volume.

A

Liqueur

Tome I.   P p

V

Y

Z

Fin de la Table.

ADDITIONS

& Corrections à faire dans ce premier Volume.

PAGE 4, *ligne* 2, les végétaux qui ont la vie & le mouvement, *lifez* les végétaux qui ont la vie & n'ont point le mouvement.

Page 10, *lig.* 3, le parties, *lifez*, les parties.

Page 10, *lig.* 20, au-deſſous du terme, *lifez*, au-deſſus du terme.

Page 93, *lig.* 8, gaugue, *lifez*, gangue.

Page 106, *lig.* 24, couches analiſeres, *lifez*, conques anatiferes.

Page 111, *lig.* 7, *leneargilla*, liſez, *leucargilla.*

Page 122, *lig.* 3, *de hieſcens*, liſez, *dehiſcens.*

Page 153, *lig.* 20, *ſeu cachates*, liſez, *leucachates.*

Page 226, *lig.* 17, *tumitans*, liſez, *tinnitans.*

Page 271, *lig.* 15, purs ni autrement, *lifez*, purs autrement.

Page 286, *lig.* 2, de ſa fermentation, *lifez*, de ſa formation.

Page 333, *lig.* 6, diſtillation de l'acide nitreux, *lifez*, diſtillation du nitre.

Page 378, *lig.* 22, à l'ouverture deſquels, *lifez*, près de ces ouvertures

Page 386, *lig.* 20, lorſqu'au contraire le ſel eſt mêlé à des matières fermenteſcibles en petite quantité, *lifez*, lorſqu'au contraire le ſel eſt mêlé en petite quantité à des matières fermenteſcibles.

Page 392, *lig.* 16, du phlogiſtique de l'acide nitreux ou des doubles affinités, *lifez*, du phlogiſtique, de l'acide nitreux, ou des doubles affinités.